化学热点
漫话

HUAXUE
REDIAN
MANHUA

王云生 编著

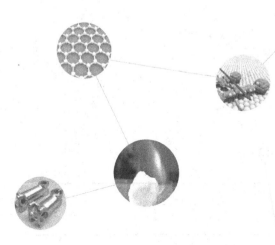

U0229107

化学工业出版社

·北京·

本书从化学科学的视角，运用化学知识与研究方法，介绍、阐述与化学科学和化工技术密切相关的社会热点问题，关注我国当前的化学化工研究前沿，介绍化学科学以及化工技术在能源、材料、环境保护、食品医药等领域作出的贡献。

本书图文并茂，论述简明。面向具有普通高中化学课程知识的读者，特别适合大、中学学生课外阅读，也可供中学化学教师和师范院校化学教育专业学生阅读参考。

图书在版编目（CIP）数据

化学热点漫话/王云生编著. —北京：化学工业
出版社，2018.3（2019.10重印）
ISBN 978-7-122-31568-7

Ⅰ. ①化…　Ⅱ. ①王…　Ⅲ. ①化学-普及读物
Ⅳ. ①O6-49

中国版本图书馆 CIP 数据核字（2018）第 036952 号

责任编辑：刘　军　冉海滢　　　　　装帧设计：关　飞
责任校对：王　静

出版发行：化学工业出版社（北京市东城区青年湖南街 13 号　邮政编码 100011）
印　　装：北京虎彩文化传播有限公司
710mm×1000mm　1/16　印张 13¾　字数 231 千字　2019 年 10 月北京第 1 版第 2 次印刷

购书咨询：010-64518888　　　　　　售后服务：010-64518899
网　　址：http：//www.cip.com.cn
凡购买本书，如有缺损质量问题，本社销售中心负责调换。

定　　价：36.00 元　　　　　　　　　　　　　　版权所有　违者必究

序

任何客观存在的社会系统和自然系统都具有三种"流"，即物质流、能量流与信息流。人类认识客观世界的过程，可以概括为对构成系统的三大要素"流"的认识过程。随着社会经济与科学技术的日益发展，信息流的重要性也就越来越明显。在互联网和计算机技术极度发达的形势下，这一点已经成为不言而喻的社会共识。

随着互联网的普及，在人们誉为信息化社会的态势下，不免出现泥沙俱下、真伪难辨的问题。为初学者和对有关领域比较陌生的人们提供经过认真筛选和整理的信息，是知识界不可推脱的责任。编写高质量的科普读物是途径之一。

科普读物的编写方式很多，由于不必受到课程标准和通用教科书的限制，可以涉及多个学科领域，也可以只限于某个具体的问题来构思、选材，写作时的自由度很大。一本好的科普读物不仅能够满足读者学习有关知识的期望，还可以体现出作者和读者思想认识间的交流。

本书以当前科技界的部分化学社会热点话题作为科普读物的核心内容，面对具有相应基础和对所选热点问题感兴趣的读者群，介绍有关的信息和必需的基础知识，并以适当方式提炼出其中值得学习或领悟的科学方法和科学精神，从而和读者之间形成一种有效的互动与交流。应当认为该书是一本颇有特色的科普读物。

编写本书的王云生老师从事化学学科教学研究多年，并参与了近几年中学化学教学改革与教师培训的全过程，积累了丰富的资料和经验。他在完成《化学世界漫步》一书后，继续为广大读者撰写姊妹篇——《化学热点漫话》，体现了一名化学教育工作者对科普工作的热情和执着。

有幸能够拜读《化学热点漫话》的初稿，从中得益匪浅。盼望着该书早日问世。

宋心琦
2017 年深秋于北京清华园

前言

当今世界，随着社会分工的精细化，人们认知兴趣的多元化，人们在文化科学的学习内容、所从事的工作领域的差异越来越大，隔行如隔山。但是，科学技术的发展及各领域的相互渗透、交叉愈来愈广泛和深入，人们在学习、工作和生活中，既要掌握专业的知识、技能，也要有广博的通识。此外，各门科学技术的发展和运用，对人们生活的影响愈来愈大。因此，更多地了解自己所学习和从事的专业外的学科技术，成为人们更有成效地学习和工作的必需，成为每个人提高生活质量的需要。

对于化学科学而言，情况更是如此。当今世界，生产、生活领域中运用的各种不可或缺的材料、制品，或是利用化学科学技术加工自然资源所制造的，或是运用化学科学技术合成、创造的新物质。人们生产、生活中遇到的许多社会热点问题，都涉及化学科学技术，需要人们运用化学科学的基本观念、思想和思维方式做分析和处理，需要化学科学技术来研究和解决。化学科学已经不知不觉渗透到各个社会生活领域中，影响着每个人的生活。人们能否运用化学科学知识正确看待、科学处理遇到的各种与化学相关的问题，更合理、科学地选择、利用自然资源和各种化学品，已经成为每个人应具备的基本能力之一。

正是基于这种认识，《化学热点漫话》选择了和化学科学密切相关的16个热点问题，应用化学科学的基础知识、基本观点和基本方法，作通俗的讲解，希望有助于读者更深入地了解、认识化学科学，辩证地看待和处理与化学科学密切相关的问题，更幸福地生活。

《化学热点漫话》介绍了可燃冰的发现和开发，新型化学电源的研发，二氧化碳合成汽油的进展，导电塑料、纳米材料、石墨烯、气凝胶的发明和研制，金属、非金属、陶瓷材料的变迁和创新，微生物在物质转化方面的研究，汽车尾气处理、塑料降解的研究等内容。以此说明化学科学在能源、新材料研发和应用、环境保护事业等领域的理论研究和生产实践等方面作出的巨大成就，在促进社会可持续发展、改善和提高人们的生活质量等方面作出的巨大贡献。

本书以我国陶瓷器烧制、冶金技术与造纸术的发明和发展，南海可燃冰的勘察、发现和试开采，919大型飞机制造中高新材料的应用等事例，弘扬我国古代化学科学技术的成就，赞颂我国现代化学科学研究的飞速发展。

本书通俗地讲述化学科学在超分子化学、纳米科学技术、超临界液体等领域的研究进展，说明化学科学的观念、研究方法和技术是随着社会的发展不断地发展、创新的。学科的最基本概念和基本认识也不是一成不变的，它们是认识提升、发展，形成新概念、新认识的基础。例如，超分子化学的创立、研究，颠覆了传统的分子概念；纳米技术和纳米材料的研究、分子机器的创造让人们意识到可以从原子、分子出发制造新的物质和材料。诸多新材料的研发、新物质的发现和创造，冲击、更新了我们对物质结构与性能的原有认识，拓展了人们对化学能和电能、光能之间相互转化的认识；对物质的组成结构的研究与修饰，为新材料、新物质的创造奠定了基础。

《化学热点漫话》以二氧化碳利用、汽车尾气和垃圾处理、白色污染防治、农药化肥残留污染处理、可降解塑料、微生物农药、微生物化肥的研究为例，介绍化学家如何运用化学科学解决或缓解环境问题；说明要辩证地看待化学品，在化学品运用上合理取舍，合理、科学地利用自然界提供的宝贵资源。

《化学热点漫话》选用了许多化学家、化学化工技术专家的研究成果、观点和看法，在此表示衷心的感谢！本书的编写还得到清华大学宋心琦教授的悉心指导。老一辈科学家的治学精神，以及对后辈的帮助和提携，令人尊敬。在此，对宋心琦先生表示崇高的敬意和诚挚的感谢！

《化学热点漫话》涉及化学科学技术的内容较多，还涉及一些生物学、物理学知识。由于编者的学识水平、编写水平有限，希望读者和专家们批评、指正。

王云生

2017.12

目录

1 可燃冰、天然气、沼气开发利用的新图景 / 001

2 二氧化碳资源化探索能更上一层楼吗 / 016

3 当今人们如何治理汽车尾气 / 027

4 材料变迁与创新的威力 / 036

5 多姿多彩的金属材料 / 053

6 无机非金属材料的变身与飞跃 / 071

7 从古典向现代演变的有机材料 / 089

8 复合材料的前世今生 / 101

9 纳米技术与材料构建的剧变 / 114

10 青出于蓝而胜于蓝的石墨烯 / 126

11 有比空气还轻的固体材料吗 / 135

12 在超越自身中发展的化学电源 / 146

13 化学反应与光辐射 / 158

14 造纸工艺的变与不变 / 173

15 微生物是物质转化的高手 / 183

16 从传统分子化学概念穿越到超分子化学 / 197

参考文献 / 213

1

可燃冰、天然气、沼气
开发利用的新图景

　　2017 年 5 月 18 日，我国国土资源部中国地质调查局宣布，3 月 28 日我国位于珠海市东南 320km 的神狐海域的可燃冰试采作业区第一口井试采成功，5 月 10 日 14 时 52 分点火成功（图 1-1），消息一经公布引起了轰动。

图 1-1　我国在开采可燃冰

　　可燃冰的主要成分是甲烷的水合物。甲烷是最简单的有机化合物，是一种清洁燃料。人们关注在海底蕴藏量可观的可燃冰的勘探、开采，实际上是关心能源的开发。可燃冰被认为是具有战略意义的新能源，可燃冰的开发利用将会大大提升我国能源安全保障程度，进一步优化能源消费结构。

我们知道地壳中蕴藏着天然气，池沼底部有沼气形成。天然气、沼气都是自然界为我们提供的以甲烷为主要成分的资源，可以作为能源和化工原料。天然气的开发早已得到重视和发展。20 世纪后，人们也开始探索从垃圾制造沼气的技术。可燃冰发现之后，勘探开采可燃冰、获取甲烷的研究就成为科学家关注的课题。目前，我国在可燃冰勘探、试开采方面取得的进展以及世界各国在垃圾制造沼气技术上取得的成效，描绘了甲烷资源开发应用的新图景。

甲烷的分子式是 CH_4，是饱和气态烃。它的分子构型为正四面体，碳原子位于正四面体中心，4 个氢原子分别处于四面体的 4 个顶点，碳原子和 4 个氢原子以共价单键结合（图 1-2）。

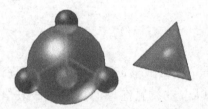

图 1-2　甲烷的分子结构示意图

甲烷完全燃烧的化学方程式是：

$$CH_4(g)+2O_2(g)\!=\!=\!CO_2(g)+2H_2O(l) \qquad \Delta H=-890.3kJ/mol$$

甲烷是无色、无味的气体（家用天然气为了安全，添加了甲硫醇或乙硫醇，有特殊气味，以便泄漏时能及时发现，保证使用安全）。甲烷完全燃烧生成的物质不会污染环境，使用比较安全，是清洁燃料。

甲烷除用作气体燃料外，还用于生产合成氨、尿素和炭黑，还可用于生产甲醇、乙炔等化工产品。甲烷高温分解生成炭黑，用作颜料、油墨、涂料以及橡胶的添加剂等；甲烷氯化可得一氯甲烷、二氯甲烷、三氯甲烷（氯仿）及四氯化碳，氯仿和四氯化碳都是重要的有机溶剂。

1.1　天然气

天然气一般指蕴藏于地层中的烃类和非烃类气体的混合物。它主要由甲烷（85%）和少量乙烷（9%）、丙烷（3%）、氮（2%）、丁烷（1%）组成。密度约为 0.71g/cm³，比空气轻，无色、无味。天然气蕴藏在地下多孔隙岩层中，包括油田气、气田气、煤层气、泥火山气和生物生成气等，也有少量出于煤层。天然气的成因十分复杂、多样。地壳中，目前已探明的天然气总储量超过 $200Mm^3$。

天然气是低碳能源，作为燃料，每千克的热值约为 $3.6×10^4kJ$，接近汽油、柴油 $[(43~46)×10^3kJ]$，高于煤炭 $[(25~33)×10^3kJ]$；而排放的二氧化碳、环境污染物少。采用天然气作为能源，可减少煤和石油的用量，改善环境污染问题。$1m^3$ 天然气替代相应量的煤炭可减排 CO_2 65.1%、SO_2 99.6%、氮氧化物 88.0%；若替代燃料油，可减排 CO_2 24%、CO 97%、SO_2 90%、碳氢化合物 72%、氮氧化物 39%、粉尘 100%。天然气用于汽车燃油，还可使颗粒悬浮物减少 40%、噪声减少约 40%，不会产生硫、铅、苯等有毒有害物质。车用天然气价格较低，能降低车辆运行成本。天然气用在城镇居民生活、城市商业和服务业中的烹调、取暖、供热中，替代煤、电等常规城市燃料，可以大幅度减少城市粉尘、CO_2 及其他废气的排放量，而且提高城镇居民居家、出行、办公的环境质量。

天然气可以加工成压缩天然气储存在容器中，也可以压缩冷却成液化天然气运输、使用。液化天然气的密度是标准状态下甲烷的 625 倍，$1m^3$ 液化天然气可气化成 $625m^3$ 天然气。它的体积能量密度约为汽油的 72%。液化天然气贮存和运输比较方便。天然气在送到最终用户之前，为便于泄漏检测，还要用硫醇、四氢噻吩等给天然气添加气味。

天然气也是优质的化工原料。现阶段主要用于生产合成氨、甲醇、乙炔、炭黑、氯甲烷、氢氰酸、二硫化碳等重要的无机化工和有机化工原料。在世界合成氨产量中，约 80% 是以天然气为原料生产的；世界甲醇生产中 70% 以天然气为原料；以天然气为原料的乙烯装置生产能力约占世界乙烯生产能力的 32%。

(1) 利用甲烷制乙炔　从天然气的主要成分甲烷制乙炔的生产过程十分复杂。简单概括，主要包括甲烷氧化裂解（部分氧化），压缩裂解气并提高其中乙炔的浓度，分离、提纯出乙炔气体几个步骤。作为原料的天然气和氧气除去杂质、经预热后送往乙炔炉，控制天然气的流量，调节氧气的流量使氧气和天然气比例约为 0.5:1，在 1500℃下发生氧化和热分解反应。甲烷裂解，全部或部分碳氢键断裂，转化为乙炔或炭黑，并析出氢气。主要反应包括：

$2CH_4 \longrightarrow C_2H_2 + 3H_2$　(1)；　$CH_4 + 2O_2 \longrightarrow CO_2 + 2H_2O$　(2)；

$2CH_4 + O_2 \longrightarrow 2CO + 4H_2$　(3)；　$CO + H_2O \longrightarrow CO_2 + H_2$　(4)；

$C_2H_2 \longrightarrow 2C + H_2$　(5)

乙炔的产率取决于乙炔生成反应（1）和乙炔分解反应（5）的速率差。

这些反应速率的比例可通过改变反应温度来调节。

裂解气引出后经洗涤、冷却，除去炭黑，过滤、除尘，除去精细炭黑，提高其中的乙炔浓度，再经过分步吸收，分离成 3 种馏分：①合成气（H_2、CO 等混合气）；②乙炔（产品）；③高级炔及其同系物的混合物。乙炔馏分经洗去挥发性溶剂后成为产品。

（2）以天然气制氨 天然气先经脱硫，然后通过二次转化和一系列变换制得 3∶1 的纯净合成气，经压缩机压缩而进入氨合成塔合成氨（图 1-3）。制造氨的合成气，是使用脱硫后的天然气与水蒸气在催化剂作用下发生转化反应，生成 H_2、CO、CO_2。一次转化的主要反应是：

$$CH_4 + H_2O(g) \xrightarrow{\text{催化剂}} CO + 3H_2$$

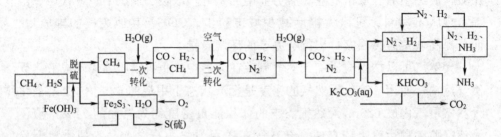

图 1-3　以天然气制造氨的生产流程

在二次转化阶段，引入空气，在更高的温度（1000℃）下使 CH_4 基本上完全反应。空气中的氧气在反应器内与 CH_4 和部分的 H_2 反应，完全耗尽，生成 CO、H_2，余下 N_2。而后再利用 H_2O 和 CO 反应（$CO + H_2O \longrightarrow CO_2 + H_2$），生成 CO_2。在除去 CO_2 后，得到合成氨的原料气。

（3）利用天然气制造甲醇 目前常见的方法是间接转化法。先把甲烷和氧气按 9∶1 的体积比混合，在 200℃和 100atm 的条件下，由甲烷制得一定碳氢比的合成气（CO、H_2、CO_2），然后经合成气生成甲醇。主要反应包括：

$$CH_4 + H_2O \longrightarrow CO + 3H_2; \quad CH_4 + 2H_2O \longrightarrow CO_2 + 4H_2;$$
$$CH_4 + CO_2 \longrightarrow 2CO + 2H_2; \quad CO + H_2O \longrightarrow CO_2 + H_2$$
$$CO_2、CO、H_2 合成甲醇：CO + 2H_2 \longrightarrow CH_3OH; \quad CO_2 + 3H_2 \longrightarrow CH_3OH + H_2O$$

上述的间接转化法反应条件苛刻，能耗很高。目前，国内外学者非常关注直接氧化法制造甲醇的研究。希望研究开发新型催化剂和高效的反应系统。美国陶氏化学公司（DOW）研究出了一种全新的甲醇制备工艺，可以在温和条件下采用金基纳米管作为催化剂（反应温度 30～90℃，反应压力在 0.05～7.0MPa 之间）。中国科学院通过一种高效催化剂进行天然气（甲烷）制甲醇的催化反应，转化率可以超过 60%。美国亚利桑那大学首次将包括锌在内的金属原子插入到甲烷气体分子中，并精确地测定了所得到的"金属-甲烷化合物"分子的结构，使其成为天然气活化制甲醇的关键步骤。

我国天然气供应量的增长速度不及消费量的增长速度。2011 年 1 月至 10 月，我国进口天然气约 250 亿立方米，同比增长近 1 倍。整个世界对能源的需求不断增长，能源紧缺，煤和石油燃烧的二氧化碳、污染物排放严重。在这一背景下，天然气的开采、使用迅速发展，目前天然气在我国能源结构中的比例进入快速发展的新阶段。

1.2 可燃冰的组成结构与储量

可燃冰的学名是"天然气水合物"。它是水和天然气在合适的条件下以固态形式相结合形成的一种笼状的固态结晶水合物。天然气水合物中的主要气体为甲烷。甲烷分子含量超过 99% 的天然气水合物通常称为甲烷水合物，这种类似"冰块"的结晶水合物可直接点燃，因此被称为"可燃冰"（图 1-4）。温度升高或压力降低，固体水合物便趋于崩解，甲烷逸出。

图 1-4 正在燃烧的可燃冰

甲烷水合物的结构可用图 1-5 表示。在高压下，甲烷水合物在 18℃ 的温度下仍能维持稳定。其组成一般用 $m\mathrm{CH_4} \cdot n\mathrm{H_2O}$ 来表示，m 代表水合物中的气体分子，n 为水合指数（也就是水分子数）。一般的甲烷水合物的组成为 1mol 的甲烷及 5.75mol 的水，用化学式 $\mathrm{CH_4 \cdot 8H_2O}$ 表示它的化学组成。

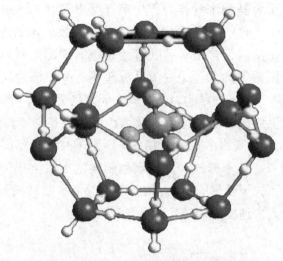

图 1-5　甲烷水合物的结构

然而这个比例取决于多少的甲烷分子"嵌入"水晶格各种不同的包覆结构中。

1m³可燃冰可转化为164m³的天然气和0.8m³的水。因此，可燃冰可以看成是浓缩的甲烷，燃烧值极高。可燃冰的能量密度是煤的10倍左右，是一种能量密度高的能源。1m³可燃冰完全燃烧的热值相当于164m³天然气燃烧的热值。

据专家估计，地壳中蕴藏的可燃冰中有机碳含量相当于目前已知的煤、石油和天然气总量的两倍。全世界石油总储量只有2700亿～6500亿吨。按照目前的消耗速度，再有50～60年，全世界的石油资源将消耗殆尽。而可燃冰资源分布广泛且储量巨大，全球约27%的陆地和90%的海底区域具备可燃冰形成的条件。海底可燃冰分布的范围约4000万平方千米，占海洋总面积的10%，储量够人类使用1000年。可燃冰的发现，让陷入能源危机的人类看到新希望。可燃冰高效、清洁、储量大，且完全燃烧的产物不会造成环境污染。因此，成为解决能源紧缺问题的最好的自然资源，被世界各国视作战略性替代能源。可燃冰的勘探、开发，对国家的后续能源供应和经济的可持续发展，具有重大战略意义。

迄今，世界上至少有30多个国家和地区在进行可燃冰的研究与调查勘探。1988年，美国科学家预测，全球可燃冰资源量相当于21万亿吨油当量。美国于1969年开始实施可燃冰调查。1998年，把可燃冰作为国家发展的战略能源列入国家级长远计划。1960年，苏联在西伯利亚发现了第一个可燃冰气藏，并于 1969 年投入开发。日本在 1992 年开始关注可燃冰。目前，已基本完成周边海域的可燃冰调查与评价，钻探了 7 口探井，圈定了 12 块矿集区，并成功取得可燃冰样本。

我国探测证据表明，仅我国南海北部的可燃冰储量，就已达到我国陆上石油总量的一半左右；此外，在西沙海槽已初步圈出可燃冰 $5242km^2$，其资源估算达 4.1 万亿立方米。我国地质调查局预测，我国海域天然气水合物资源量相当于 800 亿吨油当量，与全国陆海常规和非常规天然气地质资源量总和大致相当。我国从 1993 年起成为纯石油进口国，预计到 2020 年，石油净进口量将增至 2 亿吨左右。可燃冰的勘探、开采、利用也就必然成为关系到我国经济发展、社会稳定繁荣的具有战略意义的问题。

1.3 可燃冰的形成条件

勘探发现，地壳里绝大部分的天然气水合物分布在海底 $300\sim500m$ 以下，主要附存于陆坡、岛屿和盆地的表层沉积物或沉积岩中，也可以散布于洋底以颗粒状存在。在高纬度地区（南北极冻土区）的永久冻土带也存在天然气水合物。

这些地区的天然气水合物是怎么形成的呢？科学家对此做了许多研究。

1778 年，英国化学家普得斯特里着手研究气体生成气体水合物的温度和压力。1934 年，苏联西伯利亚地区在油气管道和加工设备中发现了有冰状固体堵塞管道的现象，发现这些固体是天然气水合物，一位美国学者发表了水合物造成天然气输气管线堵塞的有关数据，人们开始更加详细地研究天然气水合物和它的性质。1965 年苏联科学家依据研究预言，天然气的水合物可能存在于海洋底部的地表层中。这一预测已被勘察证实。到目前，已经在北极、西伯利亚、日本周围海域、我国南海海域的深海海底发现蕴藏着大量甲烷水合物。

化学家、原清华大学宋心琦教授，引用美国《化学工程与新闻》上的一篇文献指出，水在超临界状态对于很多气体和物质，具有几乎无限制的溶解能力，接近于气体互相扩散的情况；甲烷在可燃冰层中的均匀分布应当与此有关。

什么是水的"超临界状态"呢？

许多物质有我们常见的气态、液态、固态三种状态（物质除上述三种状态外，还有第四态——等离子体和第五态——超固态）。无论哪种物质处于固体状态，都有一定的形状、大小，因为固体中分子或原子只能围绕各自的平衡位置微小振动；以液体存在，就有一定体积，其形状会随容器而定，易流动，不易压缩，因为液体的分子或原子没有固定的平衡位置，可以在一定范围内自由移动，但还不能分散远离；气体没有固定的体积和形状，自发地充满容器，易流动，易压缩，因为气体的分子或原子总是作无规则热运动，分子或原子间不能维持一定的距离，可以彼此远离。

外界条件（如温度、压力）改变，物质可以从一个相态演变为另一个相态，这个过程被称为相变。固态物质融化，从固态变为液态，物质从液态冻结变为固态，液态物质沸腾变为气态，气态物质凝结成液态，这些状态变化都是相变。

某些气态或液态物质，还可以处于气液两相性质非常相近、以至于无法分别的状态。这种特殊状态，称为"超临界状态"，处于超临界状态的液体称为"超临界液体"（SCF）。

物质所处的状态，受到一定的温度、压力的限制。温度、压力变化达到某个数值时，物质存在的状态会发生变化。在常压（1atm，1atm＝101325Pa）下，温度从常温上升到100℃，水会沸腾，从液态转变为气态（水蒸气）；在常压下，温度从常温下降到0℃，水会凝结，从液态转变为固态（冰）。在直角坐标系中描绘物质发生相变的温度、压力条件的数据点，把这些点连接成曲线，就能得到该物质的相图。图 1-6 是水的相图。坐标系的两个坐标轴分别表示压力和温度的数值，图中三段曲线上的各点是发生某类相变时的温度和压力。三段曲线分别表示液相-固相、液相-气相、固相-气相的转变的温度和压力。三段曲线称为相界。曲线把坐标系区间分割成三个区域，分别是固、液、气三相存在的压力和温度范围。从图中可以看到，在1atm、100℃时水从液相转变为气相；压力降低，水沸腾的温度也降低。而在1atm、0℃时，水从固相转变为液相；压力增大，熔点降低。在0.006atm、0.0098℃时，水可以三相共存（三相处于动态平衡），这一点称为水的三相点。从图中可以观察到，在374℃、218atm处，水的液态和气态的相界中断了，说明在该温度、压力以上水的液态和气态无法区分。374℃、218atm是液态水的临界点。在稍高于该点温度、压力的条件下水处于超临界状态，是"超临界液体"（超临界水）。超临界液体也是物质在某个温度、压力下呈现的一种状态。某种气体或液体处于高于某一温度（临界温度，T_c）和压力（临界压力，P_c）而又接近该温度、压力的条件下，就呈

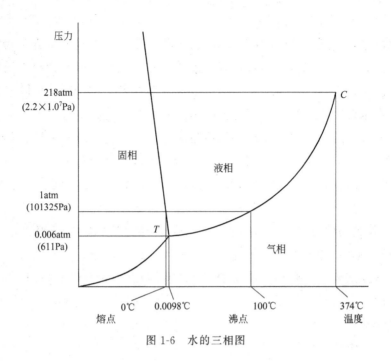

图 1-6　水的三相图

现出超临界状态。

　　同一种物质的气态和液态，密度不同。体系的密度可因压力而变化，在几千帕的压力范围内，压力的变化可以使得水等液体的密度发生很大变化。如果对气体不断地加压，气体的密度就会不断增加；而给液体不断地加温，液体就会不断地膨胀，与此同时，密度却会不断地下降。例如，常温常压下水的密度在 1kg/L 左右，而在临界点的水密度只有 0.3kg/L。物质温度和压力，略高于临界点时，处于超临界状态。此时，液态和气态无法区分，液态和气态之间的分界线逐渐消失，密度趋于相等。处于超临界状态的水，具有许多独特的性质，如黏度小、黏度和扩散系数接近水蒸气；密度和溶剂化能力接近液态水；密度、扩散系数、溶剂化能力等性质随温度和压力变化十分敏感。当超临界水的密度达到足够大时，不仅一些常见的物质，如食盐、白糖等在其中可以溶解，一些平时不溶于水的物质如汽油、白蜡等也可以变得像酒精一样和水完全混溶。甲烷和其他的碳氢化合物与高密度的超临界水可以完全混溶。地球化学家认为这种超常性质是了解地壳深处矿物形成过程的一把钥匙。

　　据研究，天然气水合物的形成有三个基本条件：地底要有大量的天然气气源、低温和高压。一般需要低于 10℃ 的温度和大于 100atm 的压力（水深

1000m以下）。天然气水合物的生成过程实际上是水合物-溶液-气体三相平衡变化的过程，任何能影响相平衡的因素都能影响水合物的生成/分解过程。如温度升高或压力降低，水合物就分解成天然气和水，即由固相变为气相和液相；反之，天然气和水又可生成水合物。现在科学家们已经可以通过试验数据获得水合物稳定性的平衡温压曲线，并根据该曲线对比陆地或海底地层的实际温度和压力，求出水合物形成带的厚度与深度。理论上讲，在水合物稳定带内只要同时具有充足的天然气和水就可以形成天然气水合物。实验表明，有大量气源和水，0℃时，30atm以上它就可能生成。2002年，在青岛海洋地质研究所的天然气水合物模拟实验室中我国科学家首次合成出了"可燃冰"，并成功地点燃了提取出的气体。实验通过模拟海底低温高压的环境使反应釜中的水和气体发生了变化，形成可燃冰。把水放在高压釜里，把釜里的空气抽出来，用磁力搅拌器搅拌使气体溶在水里，在降温过程中，水合物逐渐由小到大最终结成雪块状物质，漂在水的上面。经过几十个小时，固化后的天然气水合物就成了"可燃冰"。

关于可燃冰的成因，目前主要有两种观点。一种观点认为天然气水合物中的甲烷大多数是当地生物活动产生的。海底的有机物沉淀都有几千、几万年甚至更久远的历史，鱼虾、藻类体内的碳，经过生物转化，形成充足的甲烷气源。海底的动植物残骸腐烂产生细菌，细菌排出甲烷。海底的地层是多孔介质，在温度、压力和气源三项条件都具备的情况下，便会在介质的空隙中生成甲烷水合物的晶体。另一种观点认为可燃冰由海洋板块活动形成。当海洋板块下沉时，较古老的海底地壳会下沉到地球内部，海底石油和天然气便随板块的边缘涌上表面。当在深海压力下接触到冰冷的海水，天然气与海水产生化学作用，形成水合物。

2017年9月我国中央电视台报道，我国科学考察队用无人潜水器携带的深海激光拉曼光谱探针，首次在我国南海约1100m的深海海底，探测到两个站点中存在裸露于海底的可燃冰。一个站点分布在冷泉化能极端生物群落中，另一个站点位于一个活动的冷泉喷口的内壁。裸露在海底表面的天然气水合物则需要大量的深海冷泉流体作为气源，极难存在。数据显示，快速生成的天然气水合物并非单一的笼状结构，其内部存在大量的甲烷、硫化氢等自由气体。新发现的裸露的天然气水合物是怎么形成的，以及它的结构之谜，还需要人们的探究。事实再一次证明，科学的发现和探究，是无止境的。

1.4 可燃冰开采的难度

可燃冰开采难度大，目前距离大规模商业开采还有很长一段路要走。

这是由于可燃冰在低温高压的海底或深部陆地冻土区以固体形式存在。大多数情况下可燃冰与地层中的土颗粒相互混合（图1-7），很少出现纯净的完整可燃冰矿藏。可燃冰一般埋藏在海底500m以下的地方，其封存靠零度以下的低温。可燃冰上面没有任何盖层，只要温度升高了，冰融化了，水合物中的甲烷气就会从海底各处溢出来。同时，可燃冰又是大面积连续分布在海底之下的。由于开采活动，可燃冰开采层及周围的温度会上升。当温度高于冰的熔点时，绝大部分甲烷气体不会顺着管道往外流，它可以不受限制地从四处溢出。开采过程可能引起地层不稳定以及气体泄漏，如果海底出现大面积甲烷气溢出，就会成为生态灾难。

图 1-7 可燃冰与海底土颗粒的混合物

当可燃冰分解成天然气时土中孔隙增大而且体积膨胀，这个过程如同蒸馒头时面粉内产生大量气泡导致体积膨胀。当土中孔隙增大时，地层内部的连接能力减弱甚至发生破裂，将会产生巨大变形甚至触发大规模的海底滑坡，对开采平台、海底管线与光缆等基础设施造成巨大破坏。当地层破裂面整体贯通后，可燃冰分解出的甲烷会通过破裂面泄漏出来并排放到大气中，将导致比二氧化碳更严重的增强温室效应（甲烷所起的作用比二氧化碳大

10～25 倍）。大规模泄漏可能会引起全球性的气象灾难。此外，陆缘海边的可燃冰开采，如果出现井喷事故，就会造成海水汽化，发生海啸。天然气水合物经常作为沉积物的胶结物存在，它对沉积物的强度起着关键的作用。天然气水合物的分解能够影响沉积物的强度，进而诱发海底滑坡等地质灾害的发生。

可燃冰开采真正的技术难题不是如何能把气开采出来，而是开采气的同时不使温度升高，不使甲烷气从海底溢出。如何保证开采过程中固体可燃冰能安全释放为天然气，是一个关键问题。世界上至今都还没有完美的开采方案。研究可燃冰在地层中赋存的温度和压力条件、可燃冰分解过程中地层的力学稳定性，对可燃冰资源安全开采具有重要的指导意义。

令我们自豪的是，几年来我国科学家在可燃冰资源勘察方面，在可燃冰开采的关键技术问题的研究方面都取得了丰硕的研究成果。这些成果为2017 年可燃冰的成功试采开辟了道路。在南海的可燃冰试开采，实现了多项有关可燃冰成矿、贮藏、开采的系统理论，实现了六大技术体系、二十项关键技术和三项重大工程管理系统的自主创新。在连续产气的 22 天里，平均日产 8350m³，气压气流稳定，井底状态良好。在试采过程中，利用大气、海水、海底和井下四位一体监测体系，对甲烷、二氧化碳等参数及海底沉降进行的实时监测说明，开采过程海底地形无变化、没有环境污染、没有发生地质灾害。

1.5　沼气的生产和利用

沼气原指产生于池沼底部或农村沼气池的气体（图 1-8）。20 世纪 50～60 年代，我国曾形成兴建沼气池、使用沼气作为生活燃料的热潮。利用垃圾生产沼气，不仅可解决城市垃圾处理问题，还可以制得燃料，用于发电。

沼气是由意大利物理学家 A. 沃尔塔于 1776 年在沼泽地发现的，利用厌氧消化产生沼气的研究和应用也已有一百多年的历史。当今世界，城市大量的生活垃圾的处理成为一个问题。利用城市生活垃圾和污水污泥混合料进行的一系列研究试验表明，可以运用厌氧发酵处理城市生活垃圾产生沼气。

厌氧发酵又称为厌氧消化，是指在一定条件下，几种微生物的组合体将有机物转化为甲烷、二氧化碳、硫化氢、无机营养物质和腐殖质的过程。自

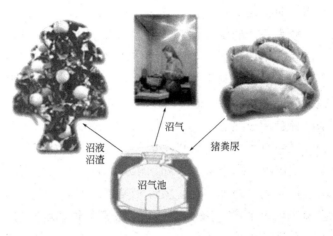

图 1-8 农村沼气的制造和应用

然界中厌氧发酵过程广泛存在着，它是一个复杂的生物化学过程。有机物不断被分解，最后将其中大部分的碳以甲烷和二氧化碳的形式释放出来。被分解的有机化合物的能量大部分储存在生成的甲烷中，仅有一小部分氧化成二氧化碳，释放的能量供给微生物生命活动的需要。20世纪，科学家分离出产甲烷的厌氧细菌（沼气菌），进一步揭示出了有机物厌氧消化产生沼气的微生物学机理。

沼气菌是一种厌气细菌，如发酵性细菌、产氢产乙酸菌、耗氢产乙酸菌、食氢产甲烷菌、食乙酸产甲烷菌等。它们的整个生命活动，（生长、发育、繁殖代谢等）都不需要氧气，广泛存在于阴沟、粪坑、旧沼气池底部的污泥沉沙中。沼气菌有各自不同的代谢方式，但都能在没有硝酸盐、硫酸盐、氧气和光线的条件下，在弱碱性环境中（pH 6.5～7.5）和适宜的温度（28～30℃）下，通过复杂的生化反应分解有机物，形成沼气。垃圾中的复杂有机物质在菌种水解酶的作用下，先生成相应的复杂有机物（如单糖、脂肪酸、氨基酸等），继而在水解性细菌胞内酶的作用下，分解成乙酸、丙酸、丁酸、乳酸、乙醇以及 CO_2 和 H_2 等，然后在产氢产乙酸菌或耗氢产乙酸菌的作用下，将上述产物转化成乙酸，再经过食氢产甲烷菌或食乙酸产甲烷菌的作用，分解乙酸产生甲烷。

1896年，英国小城市 Exeter 建起了一座处理生活污水污泥的厌氧消化池，所产沼气成为一条街道的照明燃料。1906年印度建造了利用人粪生产沼气的沼气池。20世纪五六十年代，我国农村修建的家用沼气池，发酵的原料是禽畜粪便、农作物秸秆、青草等有机物质及淀粉厂、糖厂、酒精厂的污水。新建的沼气池，在加入发酵原料的同时要加入沼气发酵液。沼气发酵液也可以用农村较为肥沃的阴沟污泥，添加人畜粪便堆沤 1 周左右来代替。生成的沼气，每立方米完全燃烧释放出的热量可以烧开水 45kg。一个四口家庭，每天煮饭、烧水、照明用 1.5m³ 左右的沼气就足够了。发酵后的渣肥（沼肥）是高效有机肥。在农村地区，利用人和动物排泄物、秸秆、蚕沙生产沼气的技术已经趋于成熟。

城市生活垃圾中有大量含有有机物成分的废弃物，如废纸、废木料、厨房菜渣、果皮、菜皮叶、剩饭菜、人和动物排泄物等，其中可生物降解的物质含量很高。常见的垃圾处理方法是填埋和焚烧。填埋会造成土壤、地下水污染等，焚烧会产生大量 CO_2 及有害气体，带来各种环境问题。

近十年来，利用垃圾生产沼气成为城市垃圾处理发展的趋势（图 1-9）。垃圾厌氧消化系统在德国、瑞士、奥地利、芬兰、瑞典等国家发展尤其迅速，日本荏原公司也从欧洲引进技术，在日本建设了首座厌氧消化示范工程。随着我国城市的发展，城市垃圾的产生量可达到数百亿吨，随着垃圾分类收集工作的大力推广与发展，必将有更多的厨余类有机垃圾被分选出来，可用来进行厌氧消化处理。

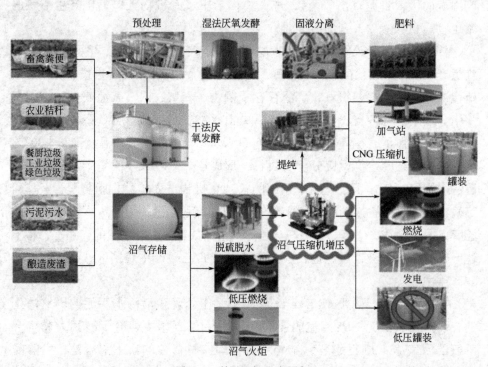

图 1-9　利用垃圾生产沼气

　　垃圾填埋产生的填埋气富含沼气,填埋与沼气化技术工艺是世界各国普遍采用的工艺。垃圾填埋场所产生的填埋气,可以集中用于发电、也可转化为管道天然气。美国对垃圾填埋的利用发展较快,1982—1990年,利用填埋沼气的填埋场由16个发展到244个。据估算,美国全国天然气消费量的1%可以被填埋气体中的甲烷所代替,全国约有1000个填埋场适合开展填埋气体的利用,每年可产生570亿立方米的沼气,如果全部加以利用相当于4亿～5亿美元的价值。欧洲第一个完全使用垃圾填埋的沼气发电的工厂建于1987年。截至1990年,欧盟的垃圾填埋的沼气利用项目就有175个。欧洲对填埋沼气的利用以将其转换为热能和发电为主。拉丁美洲自1977年以来,已完成5个填埋沼气利用项目,使拉丁美洲的发展中国家在这一领域居于领先地位。填埋沼气经过净化后主要用于厨房、照明、机动车燃料和管道煤气,年利用量约为2.17亿立方米。

　　目前我国城市垃圾状况和管理方式正从单纯的末端处理向源头治理和综合管理方向发展。采用填埋与沼气化技术工艺处理城市生活垃圾也将成为一个非常重要方法。例如,深圳下坪填埋气制取天然气项目2014年开始建设,2015年3月已经投产。计划天然气年产量4500万立方米,年产值1.2亿元人民币,年碳减排量达到80万吨。该项目的实施既可治理填埋场产生的臭气,又可将沼气转变为能源——天然气。该项目是目前国内建成的最大的生活垃圾填埋气制取天然气项目,为国内填埋场填埋气的利用和节能减排提供了示范。

2

二氧化碳资源化探索
能更上一层楼吗

　　当代人们为环境问题所困扰，二氧化碳在增强温室效应上所起的"作用"，让人们对它特别敏感，几乎淹没了二氧化碳对人类的贡献。二氧化碳是光合作用的原料之一，二氧化碳也是许多化工生产的原料，干冰、超临界二氧化碳在生活生产中也有许多应用……二氧化碳也是资源。所幸，科学研究工作者不仅没有忘记这些，而且还在探索进一步使二氧化碳资源化的课题，包括利用二氧化碳合成低碳液体燃料、塑料，模拟光合作用的研究等。面对工业发展促使二氧化碳排放量激增的局面，国际社会提出了节能减排、开展碳交易等措施，科学家提出了捕集、贮存二氧化碳的各种方案。二氧化碳气体排放的治理和国民经济快速发展之间一直存在着难以两全的困惑。在这种背景下，把二氧化碳资源化，固定、转化为含碳有机化合物，进一步研究二氧化碳资源化的课题，就显得非常的紧迫、非常的重要。二氧化碳资源化探索能否更上一层楼，自然成了人们关注的热点。

2.1　二氧化碳利用的途径

　　早在二氧化碳资源化问题提出之前，化学家已经从二氧化碳的组成、结构、性质出发，不断探索利用二氧化碳的途径和方法。
　　二氧化碳并非只是一些人所认为的"废气"。利用含碳燃料燃烧放出热能的过程，必然有二氧化碳气体排放到大气。大气中二氧化碳气体分子的热运动，引发对太阳红外辐射的吸收、释放，从而引起的增强温室效应又难以避免（对此过程在《化学世界漫步》一书中已有介绍）。依据二氧化碳的物理化学性质特点，探索它的利用、转化，不失为一个好途径。

二氧化碳有固、液、气三种状态（三相）。在常温常压下，二氧化碳处于气体状态，在高压低温下二氧化碳气体液化为液体形态。液态二氧化碳蒸发时吸热，温度进一步降低，可凝成固体二氧化碳（干冰）。在常压下，高于零下75℃，干冰会直接气化成为气态二氧化碳（这种变化称为升华）。

虽然二氧化碳分子结构稳定，化学反应活性不高，但是，人们仍然可以依据它的物理、化学性质，通过各种途径（包括通过一定条件下的化学反应）利用它。图2-1显示了二氧化碳气体、干冰的一些用途。

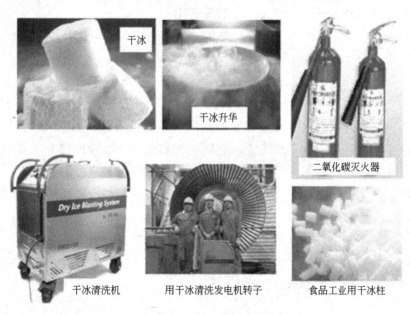

图 2-1　二氧化碳的利用

2.1.1　气态二氧化碳的利用

气态二氧化碳在化学工业领域用于合成尿素、碳酸氢铵等化学肥料，用来生产纯碱、小苏打等无机盐工业原料，食品工业上它还用于制造碳酸饮料。

著名的侯德榜制碱法就利用了以下反应（图2-2）：

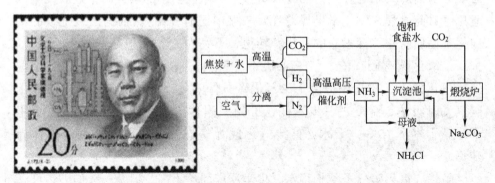

图 2-2 侯德榜和侯德榜制碱法流程

① 第1步 在低温下向氨化的饱和食盐水中通入二氧化碳气体，由于碳酸氢钠溶解度较小，浓度大，会结晶析出：

$$NH_3 + H_2O + CO_2 + NaCl \rightleftharpoons NH_4Cl + NaHCO_3$$

② 第2步 热分解碳酸氢钠，得到碳酸钠：

$$2NaHCO_3 \rightleftharpoons Na_2CO_3 + H_2O + CO_2 \uparrow$$

③ 第3步 在 5~10℃时，向第1步反应的母液中，加入过量食盐细粉，由于氯化铵在低温下溶解度比 NaCl 小，可以结晶析出，用做氮肥。

此外，二氧化碳在发酵工业、制糖工业和医疗卫生领域都有很多应用。

二氧化碳性质不活泼，可用作某些金属的焊接保护气，隔绝氧气、保护焊接面，阻止氧化物产生；利用二氧化碳气体保鲜某些食品，隔绝空气，减少果蔬、肉类的氧化和呼吸消耗作用，防止需氧气生物对食品的破坏；二氧化碳是良好的灭火剂，可用于填装二氧化碳灭火器。

农业上，在大棚栽培中增加二氧化碳浓度，可以大幅度改善植物的光合作用效率，植物生长能明显加快。

2.1.2 固态二氧化碳（干冰）的利用

在低温、常压下二氧化碳可以形成固体（干冰）。干冰作为冷却剂具有自增压、环保、降温、隔绝空气、无残留等诸多优点。固体二氧化碳可用于青霉素生产，鱼类、奶油、冰淇淋等食品贮存及低温运输，还可用作果蔬、肉类冷冻冷藏保鲜剂。利用低温的干冰吸收常温物质（如空气、水）的热量，升温、气化膨胀为高压二氧化碳气体，可以推动气动机械输出动力。干冰升华转化为气体，可用作大型铸钢防泡剂。

干冰适合在某种温度范围内作为膨胀剂,能在物质中形成均匀的蜂窝状的中空结构,还能产生类似水蒸气的"熨烫"作用,这种"熨烫"作用可以用于烟丝生产。在低温、无水的情况下,依靠气体膨胀过程,可以将烟丝"拉直"。

干冰极低的温度可以让很多物质因凝固、收缩发生特殊的变化,可作为特种清洗剂。比如油脂冷凝收缩就会从污染的物品、纤维表面脱离,达到清洗的目的,且不会产生二次污染。这是一种全新的高效清洗方法。

干冰还可以用作冷冻治疗、美容的材料。有一种治疗青春痘的冷冻材料就是混合磨碎的干冰及乙酮(有时会混入少量硫黄),用这种冷冻疗法治疗,可以减少青春痘疤痕的产生。

干冰作为人工降雨、降雪剂使用,除了有凝结云层中水汽、形成凝结核的作用,同时也具有制冷的作用。舞台上使用干冰让空气中的水分冷凝,产生烟雾效果。

2.1.3 超临界液态 CO_2 及其利用

二氧化碳和水一样还可以处于超临界状态。图 2-3 是二氧化碳的相图。从图中可以观察到在温度稍高于 31℃、压力稍大于 3MPa(72.8atm)的条件下,二氧化碳处于超临界状态。超临界二氧化碳是一种超临界液体,兼有气液两相的双重特点,既具有与气体相当的高扩散系数和低黏度,又具有与液体相近的密度和良好的溶解能力。它的密度近于液体,黏度近于气体,扩散系数为液体的 100 倍,具有惊人的溶解能力,可溶解多种物质。而且,它的密度对温度和压力变化十分敏感,且与溶解能力在一定压力范围内成比例。所以可通过控制温度和压力改变物质在超临界二氧化碳中的溶解度。

超临界二氧化碳无毒、不燃烧、与大部分常见物质不反应。可以用它提取物质中的有效成分,应用广泛。从物质中提取有效成分的方法,有蒸馏(包括水蒸气蒸馏和减压蒸馏)、溶剂萃取等。萃取是利用某种溶剂把需要的化学成分从物质中提取出来。例如,用和水不相溶的四氯化碳可以萃取碘水中的碘。萃取所用的溶剂对有效成分的溶解度要大,如果原料物质是溶液,萃取的溶剂不能与原溶液的溶剂混溶。超临界二氧化碳容易满足这些条件,而且廉价、无毒、安全、高效。

利用超临界 CO_2 可以从植物中提取某种有效成分。这些有效成分用一

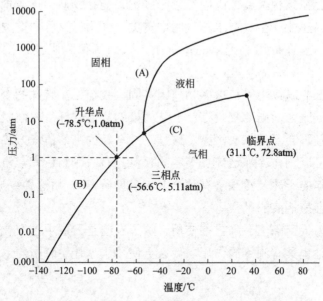

图 2-3 二氧化碳的相图

般的化学方法难以提取出来，大多数在国际市场上价格昂贵。例如，从大蒜中提取大蒜素，从人参中提取人参素，从紫杉中提取紫杉醇，从银杏叶粗提物中精提银杏黄酮内酯，从桂花中提取桂花精油，从咖啡、茶叶中萃取、除去所含的咖啡因，生产香精和啤酒花等等。

茶叶中含有的茶多酚是极优良的抗氧剂，有抗龋杀菌作用，在医学方面茶多酚有降胆固醇、降血压、降血脂、延缓衰老的作用。它是优良的天然食品添加剂，广泛用于食品和化妆品等方面。用超临界 CO_2 萃取法利用碎茶叶末或次等茶叶生产的茶多酚比用化学方法提取的更纯净。从 100t 次品茶叶末可以提取 5t 茶多酚，产值近千万元。

没有辣味的食用色素——辣椒红色素在国际市场需求量大，用化学方法生产的辣椒红色素，色价太低又有辣味。改用超临界萃取，得到的辣椒红色素没有辣味，广受欢迎。同时，还可得到副产品——辣味素（在熟植物油中加入 10% 的辣味素即可制成辣椒油）。

用超临界流体浸制米糠，可以提取一种高纯度的天然高品质米糠油。米糠油中所含的甾醇高达 0.75%，可用于化学合成，制造多种甾醇激素产品，这些产品在医药工业中具有重要的地位和极高的经济价值。

我国有丰富的自然资源，在交通不发达的山区，资源十分丰富，有许多宝贵的中草药材，如紫杉、黄芪、人参叶、青蒿草、银杏叶、川贝草等。可

以使用 CO_2 超临界萃取技术处理这些药材，提取其中的有效成分，研发医药新产品。

2.2　探索二氧化碳资源化的新途径

20 世纪以来，工业迅猛发展，二氧化碳排放量剧增。在 2003 年前全球每年二氧化碳排放量已达 240 亿吨，除了被植物吸收外，其中 90 多亿吨成为污染环境的主要废气。温室气体引发的厄尔尼诺、拉尼娜等全球气候异常现象，以及由此引发的世界粮食减产、沙漠化现象等，危及人类生存空间。而绿色植物可以通过光合作用将二氧化碳转化为有机物，同时释放氧气。事实说明，在一定条件下把二氧化碳转化为有机化合物，不是没有可能的。进入 21 世纪，科学家把二氧化碳剧增治理的研究与把 CO_2 转化为有机化合物的研究结合起来，提出了进一步探索二氧化碳资源化的研究课题，已取得了不少成效。

目前，在 CO_2 资源化利用研究方面，世界各国的研究成果主要集中在将二氧化碳转化为甲醇、甲酸、甲烷等简单小分子化合物，合成汽油、可降解塑料方面。例如，二氧化碳和氢气的混合气体在镍纳米粒子多孔质材料存在下，加热可使之还原为甲烷；通过二氧化碳分子直接羧基化可以固定二氧化碳。又如用乙烯与二氧化碳反应产生的中间产物合成丙烯酸；应用具有高活性、高对映选择性和手性优势的双核钴催化剂，可以使二氧化碳与各种内消旋环氧烷烃发生不对称交替共聚合反应，制造各种结晶性的二氧化碳共聚物；使二氧化碳、铝和氧气在一定条件下结合生成草酸盐；利用新颖的催化剂通过电化学的反应，把二氧化碳转化为聚合物原料和其他化学品。在《化学世界漫步》一书中简单介绍了其中的一些研究成果。

由于二氧化碳化学稳定性高，利用传统的化学方法使它发生化学反应转化为其他含碳有机化合物十分困难。上述的研究成果，有的要消耗大量热能，有的又会产生大量二氧化碳，有的要消耗铝等宝贵资源、成本高；有的转化率太低。目前，在工业领域仅能用二氧化碳生产尿素和聚碳酸酯等。化学家希望通过研究创造出新的反应、新的机理，进一步实现二氧化碳资源化。

2.2.1　利用二氧化碳制取塑料的研究

世界上利用二氧化碳制取塑料的研究于 20 世纪 60 年代末开始。由于制取成本过高，大多处于半试验阶段，难以进行产业化开发。利用二氧化碳生产可降解塑料，是最近兴起的一种新的利用形式。随着相关技术的突破，其产业化的前景也越来越好。目前，世界上只有美、日、韩开始半试验生产二氧化碳塑料。美国年产约 2 万吨，日本已形成年产 3000～4000t 二氧化碳聚合物的生产能力，韩国正筹建年产 3000t 的生产线，但成本高、制得的塑料性能有待改善。

我国利用二氧化碳制取可降解塑料的研究，也已获得了重要进展。中国科学院长春应用化学研究所、广州化学研究所、浙江大学及兰州大学等单位，在二氧化碳固定为可降解塑料的研究中取得了许多有价值的结果。

例如，中国科学院长春应用化学研究所于 1998 年在中国科学院重点项目的支持下开展了稀土组合催化剂固定二氧化碳的研究。2002 年 12 月年产 3000t 二氧化碳-环氧丙烷共聚物生产线顺利投产。该塑料主要成分是二氧化碳-环氧丙烷-环氧乙烷三元共聚物。这种塑料在强制性堆肥条件下，5～60 天内可完全分解。

又如，中国科学院广州化学所孟跃中教授的研究团队成功开发了利用纳米技术高效催化二氧化碳合成可降解塑料新技术，完成了中试研究和生产。该项研究将利用二氧化碳制取塑料的催化剂"粉碎"至纳米级，使催化剂分子与二氧化碳分子能密切接触，使每克催化剂能够催化 120～140g 二氧化碳，高出最大催化能力的 2 倍。该反应过程可用普通的生产工艺生产，制品的性能优于现在的通用塑料。制得的每吨可降解塑料中，二氧化碳含量可达 42% 左右，可以加工制成日常用的饮料瓶、快餐饭盒等。每吨塑料成品成本只有市场上塑料产品价格的 1/4～1/3，具有良好的产业化开发前景。

我国是世界上最大的塑料制品生产国，同时也是世界第一的塑料原料进口国。如果利用二氧化碳制取塑料的技术成功应用、推广，将极大地促进我国塑料原料来源的多元化，降低对塑料进口的依赖，节省大量的外汇。二氧化碳塑料的制造成本大大低于传统塑料产品。例如，使用二氧化碳合成的塑料制作一个饭盒的成本仅是使用淀粉生产一个可降解塑料饭盒的一半。二氧化碳作为资源，除从工厂废气中回收、从大气中提取外，还可从地层中抽采，来源充足。一个中型的水泥厂每年的二氧化碳排放量就有 2 万吨，在水泥厂附近建一个二氧化碳合成塑料的工厂，原料就不成问题。

2.2.2　探索二氧化碳高效转化为汽油的途径

2016 年，中国科学院大连化学物理研究所包信和院士、潘秀莲研究员团队在 Science 上报道了利用氧化物-分子筛双功能催化剂选择性地将合成气转化为 $C_2 \sim C_4$ 的烯烃（分子中的碳链由 2～4 个碳原子连接而成的烯烃），该反应的收率接近 80%。这一突破性工作预示着可以把能增强温室效应的二氧化碳气体转化为汽油，引发了对氧化物-分子筛双功能催化剂的研究热潮。

汽油的主要成分是沸点 20～200℃、分子中含 5～12 个碳原子的液态碳氢化合物（液态烃），主要为烷烃、烯烃和少量芳香烃。要把 CO_2 转化为汽油，需要找到 CO_2 与氢发生催化反应的途径，除去分子中的氧原子、加上氢原子，把 CO_2 还原、加氢。但是，CO_2 化学活性低，分子非常稳定，难以活化，而且 CO_2 与氢分子的催化反应更易生成甲烷、甲醇、甲酸等小分子化合物，很难生成长链的液态烃。在中国科学院大连化学物理研究所研究团队的突破性工作之后，我国科学家在这方面又获得了许多研究成果。

2017 年 5 月，中国科学院大连化学物理研究所孙剑、葛庆杰研究团队发现了二氧化碳高效转化为汽油的新过程。研究团队的科学家们通过研究，创造性地设计了一种新型的高效稳定的多功能复合催化剂（Na-FeO$_x$/HZSM-5 多功能复合催化剂），通过多活性位的协同催化作用，在接近工业生产的条件下，使 CO_2 直接加氢转化为高辛烷值汽油。产物中汽油馏分主要为高辛烷值的异构烷烃和芳烃，基本满足了国 V 汽油标准的组分要求。该催化剂还可连续稳定运转 1000h 以上。该项新技术为 CO_2 加氢制液体燃料的研究拓展了新思路，被誉为 CO_2 催化转化领域的突破性进展。图 2-4 简

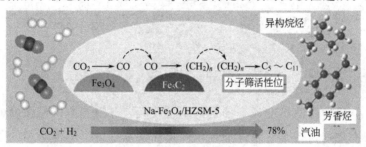

图 2-4　二氧化碳转化成汽油的高效新途径

要说明了该项转化工艺的基本过程和原理。

该工艺在 320℃、3MPa、H_2/CO_2 为 3：1 的条件下，使用 Na-FeO$_x$/HZSM-5 催化剂，CO_2 转化率的超过 30％，转化得到的烃类产物中汽油馏分烃（$C_5 \sim C_{11}$）的选择性可以达到 78％。与传统催化剂不同，Na-FeO$_x$/HZSM-5 催化剂包含三种相互兼容、相互补充的活性位（Fe_3O_4、Fe_5C_2 和酸性位）。CO_2 分子借助于精心构造的三组分活性位实现了"三步跳"的串联转化：CO_2 首先在 Fe_3O_4 活性位上经逆水气变换反应还原为 CO；生成的 CO 在 Fe_5C_2 活性位上经费-托合成反应，转化为 α-烯烃；随后，该烯烃中间物迁移到分子筛上的酸性位上，选择性生成具有汽油馏分的烃。对三活性位结构和空间排布的精准调控是实现 CO_2 加氢制汽油的关键。

2017 年 7 月中国科学院上海高等研究院宣布，中国科学院低碳转化科学与工程重点实验室暨上海高研院-上海科技大学低碳能源联合实验室的孙予罕、钟良枢和高鹏团队创造性地采用氧化铟/分子筛（In$_2$O$_3$/HZSM-5）双功能催化剂，使 CO_2 一步加氢、高选择性地合成液体燃料（图 2-5）。研究团队设计的金属氧化物/分子筛双功能催化剂，利用氧化铟表面的高度缺陷结构来活化 CO_2 并进行选择性加氢，在实现 CO_2 高效转化为含氧中间体的同时，还可有效抑制副产物的生成。得到的中间体传递至分子筛笼中，发生偶联反应得到汽油烃类组分。该工艺使用的是 10nm 左右的高比表面积的 In$_2$O$_3$ 氧化物，介孔 HZSM-5 作为分子筛。在 340℃、3MPa 的反应条件下，CO_2 转化率最高可达 13.1％，在产物碳氢化合物中，C_5 以上产物达到 78.6％，仅有 1％的甲烷。

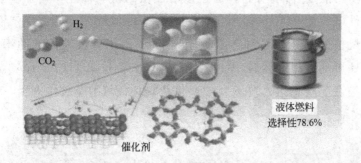

图 2-5 CO_2 加氢一步转化合成液体燃料原理示意图

此外，研发团队已完成了催化剂制备放大，并得到高机械强度的工业颗粒尺寸的催化剂，在工业条件下，该催化剂体系具备了示范应用的条件。该工作被认为是 CO_2 转化领域的一大突破，为 CO_2 转化为化学品及燃料提供了重要的指导作用。

CO₂加氢转化为汽油，在解决新能源的能量贮存和输送配给方面，比其他新能源的应用有较大的优势。光伏发电、水电、风电等可再生能源比石油、天然气、煤炭等化石能源洁净、体量大，但是还不能完全取代化石能源。石油运输、使用方便，能量密度高，在能量贮存上有很强的优势。光伏发电、水电、风电是以电能形式利用，电能储存不方便。电池有存储能力，但能力极其有限，和石油相比相差甚远。太阳能、水能转化成电能，一般要立即使用。将CO₂直接转化为汽油，为新能源的储能方式提供了一条新的渠道。CO₂直接转化为汽油获得的新能源，可以直接利用现有的能源输送配给体系。而其他新能源的应用要再建立新的能源输送配给体系及输配设施。

当然，CO₂转化成汽油的实现，也存在着困难。如何大量捕集CO₂就是个难题。空气中CO₂的体积含量仅为0.03%左右，不是理想的CO₂来源；要使用来自于化石燃料电厂、钢铁厂的CO₂，生产出足够量的汽油供大众消费，也不是容易的。因此，这方面的研究要转化为规模生产，还要做许多探索。

2.2.3　研究模拟光合作用

模拟绿色植物的光合作用，利用太阳能把大气中的二氧化碳转化为有机化合物，是实现太阳能利用、粮食工业化生产、二氧化碳资源化"一箭三雕"的好事，也是难事。因为光合作用包含一系列精巧而快速的反应，目前科学家仍然没有完全揭示反应的机理（《化学世界漫步》一书中有粗浅的介绍）。

简单地说，光合作用分为光反应和暗反应两大部分（图2-6）。光反应过程利用光能分解水，生成的氢把$NADP^+$还原为NADPH（还原型的辅酶

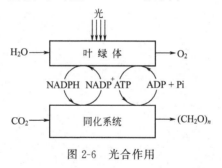

图 2-6　光合作用

Ⅱ），同时放出氧气，再利用光能把 ADP 和无机磷酸盐（Pi）结合，合成 ATP。有了 NADPH 和 ATP，可以推动暗反应，固定还原 CO_2，实现碳的同化，获得碳水化合物。

要模拟光合作用，首先必须完全了解光合作用的机理。还需要诸多学科协同研究，应用各种现代理论和物理、化学的分析、合成技术，合成出能稳定捕捉太阳光、作为光合反应中心的复合物。多年来，化学家从光反应、暗反应入手进行光合作用的机理研究和模拟探索。目前，对光反应阶段的模拟研究已得到一定成果，但反应效率低。对暗反应的研究和模拟探索，还有待开展。

据报道，成立于 2010 年的美国能源部人工光合作用联合中心（JCAP），与美国能源部签署了一个合作协议，旨在发展以太阳光、水、CO_2 作为原料的氢燃料和碳基燃料。在探索人工光合作用的研究中，他们首先研究水分解制氢。他们研究的产氢装置，产氢效率可达 10%，并具备高的稳定性和持久性，还可以把分解水产生的氢气和氧气分离。据报道，这一光解水技术已达到实验装置示范阶段。在这期间，联合中心在美国《自然材料》期刊发表了光解水研究的新成果。该研究利用半导体材料制备了一种光解水的催化剂。半导体材料具有带隙，当受到能量高于其带隙的光子撞击时，就会产生电子-空穴对，进而产生电流，可以把太阳能转化为电能。科学家们对比了不同的半导体材料体系，尝试利用金属氧化物半导体来降低整个电化学还原装置的成本，提高它的性能。他们尝试制备纳米结构的氧化铜吸光材料来提高光电流，进而加快光电化学反应进程。

2015 年后，该项研究重点转向了利用光电化学方法还原 CO_2。与研究水分解制氢相比，CO_2 还原的研究工作更加困难、繁重。CO_2 还原反应会有很多产物，如何选择性地获取某种特定的产物作为燃料（比如甲醇），是最大的难点。

3

当今人们如何治理汽车尾气

在车水马龙的街头,一股股浅蓝色的烟气从一辆辆机动车尾部喷出,这就是我们通常所说的汽车尾气。这种气体排放物不仅气味怪异,而且令人头昏、恶心,影响人体健康。在车辆不多的情况下,大气的自净能力尚能化解汽车排出的"毒素"。1985年我国将汽车工业作为重点支柱产业后,汽车工业得到了迅猛发展,汽车拥有量快速增长,汽车尾气排放带来的危害也日趋严重。据估计,一辆轿车一年排出的有害废气比自身重量大3倍。环保部门监测表明,大气中96%的气态碳氢化合物(用HC代表),86%的CO,56%的NO_x(氮氧化物)来自机动车排放。我国定期发布的30个城市的空气质量周报显示,有相当一部分城市的空气呈现中度、重度污染。汽车尾气排放成为一些大中城市雾霾经常出现的重要原因(图3-1)。

图 3-1　汽车尾气排放是雾霾形成的重要因素

为保护大气,让人们能在清新的空气中舒心地生活,环保部门加大了机动车尾气排放的检查、管理,科学工作者加强了汽车尾气中污染物成分的危害和治理的研究。当今,人们怎样处理汽车尾气?能有效地降低对大气的污染吗?

3.1　汽车尾气的形成与危害

　　汽车发动机将燃油燃烧产生的热能转变成机械能。从图 3-2 可以简单了解发动机的工作原理。发动机的一个工作循环包括进气、压缩、做功、排气四个过程：把燃油蒸汽和空气的混合气体引入气缸；然后将进入气缸的可燃混合气压缩，当压缩至接近终点时，发动机的火花塞发火点燃一定比例的燃油蒸汽和空气的混合气（有些发动机是将柴油高压喷入气缸内形成可燃混合气并引燃）；可燃混合气在瞬间燃烧、膨胀，产生巨大的爆炸力，迫使活塞在气缸内向下运动；而后活塞油向上运动，把燃烧后的废气从排气管排出气缸。这个工作循环不断地重复，活塞不断上下运动，通过连杆把力转给曲轴，转化为旋转运动，再通过变速箱、传动轴传递到驱动车轮上，推动汽车前进。发动机利用燃油和空气的混合气在气缸内燃烧，把化学能转化为热能，热能再转化为机械能。

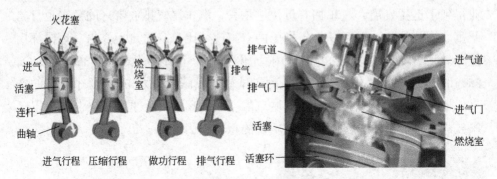

火花塞　进气　活塞　连杆　曲轴
进气行程　压缩行程　做功行程　排气行程
燃烧室　排气　活塞环
排气道　排气门　活塞　进气道　进气门　燃烧室

图 3-2　汽车发动机的工作原理简单示意图
（左：工作四冲程；右：燃气混合物在气缸中燃烧）

　　从理论上说，在机动车发动机能正常运转的情况下，使用的碳氢化合物燃料在发动机的燃烧室可以完全燃烧，只产生二氧化碳和水蒸气，不会对大气造成污染。进入发动机气缸的混合气中空气和燃油蒸汽的比（称为空燃比），是影响发动机工作效率和废气排放成分的主要因素。在理想状况下，燃油中各成分按完全燃烧的化学方程式中的计量比发生反应（以 C_xH_y 代表汽油的组成）：

$$C_xH_y+(x+\frac{y}{4})O_2 \Longrightarrow xCO_2+\frac{y}{2}H_2O$$

　　理论上，进入发动机气缸的混合气的空燃比≥14.7：1 时，氧气供应充足，排出的废气只有 CO_2 和未参加燃烧的 O_2，不会含有 CO 等污染物。各种燃油化学成分并不一致，空燃比在 15.5∶1 左右，燃烧效率最高，HC、CO 的含量最低，但此时 NO_x 生成量也最大。混合气空燃比高于或低于这一数值，NO_x 的生成量都会减少。当空燃比小于 14.7∶1 时，混合气中燃油蒸汽浓度增大，由于空气量不足引起不完全燃烧，CO、HC 气体排放量增大。当空燃比超过 16.2∶1 时，由于燃料成分过少，用通常的燃烧方式已经不能正常点火，使未燃 HC 气体大量排出。

发动机将热能转化为机械能的效率，受热源温度和环境温度的影响，热源温度越高，转化率越高。而燃油（主要成分是低沸点的液态碳氢化合物）在气缸内高温燃烧，并不可能百分百完全燃烧，不完全燃烧的产物会污染空气；在内燃机燃烧室的高温环境中，吸进发动机的空气中氮气和氧气会反应生成一氧化氮、二氧化氮等氮的氧化物（统称为 NO_x），会严重污染大气；燃油中含有的杂质，也会在气缸内燃烧，不少燃烧产物是大气污染物；在高温环境下，发动机气缸表面的金属组分可能存在催化点，还会使燃烧过程发生某些催化反应（包括汽油的催化裂解）；在压燃式内燃机中还会产生碳烟粒子，这些碳烟粒子最终将形成可吸入颗粒物（PM_{10}）；有些汽车发动机的性能不佳、工作状况不好（如点火能量、进气效果、供油和机械状况有问题），造成燃料与氧气混合的均匀程度、燃烧时间不足，燃料也常常无法完全燃烧，会有一氧化碳、各种未完全燃烧的气态碳氢化合物排出。

除了汽车排气管排出的尾气外，发动机曲轴箱窜气，油箱、化油器浮子室以及油管接头等处蒸发的燃油蒸气也会增加汽车排放的废气。此外，发动机的转速和负荷、发动机点火时刻（点燃燃油和空气的压缩混合气体的时刻）都会影响排放废气的成分。这些因素都使汽车排放的废气成分变得十分复杂，而且不恒定。

3.2 汽车尾气中的主要污染物

汽车尾气中主要污染物有氮的氧化物、气态碳氢化合物、固体悬浮颗粒、一氧化碳等。它们是怎么形成的，对环境和人体健康会有什么影响呢？

（1）汽车尾气中的气态氧化物大多是一氧化氮（NO），还有少量的二氧化氮（NO_2）。NO 是无色气体，本身毒性不大，但在大气中缓慢氧化成 NO_2，NO_2 是褐色的、有刺激性气味的气体。气态 NO_x 在地面附近能形成含有臭氧的光化学烟雾。

在发动机工作时，吸入气缸的空气中的氧气主要供燃油燃烧，但是氮气和多余的氧气在足够高的温度（1000℃以上）、足够大的压力下，会反应生成 NO 和少量 NO_2。汽油机排出的氮氧化物中，NO 占 99％，而柴油机排出的氮氧化物中 NO_2 比例稍大。主要反应式如下：

$$N_2 + O_2 \Longrightarrow 2NO$$
$$2NO + O_2 \Longrightarrow 2NO_2$$

NO_x 的排放量也受诸多因素影响。当发动机工作时的空燃比≥15.5 时，NO_x 的排放量增大。当点火提前过多、冷却水温度过高、燃烧室中的积炭和点火控制系统有故障时，燃烧室内产生爆燃，气缸温度大幅提高，可导致过多的 NO_x 排放。NO 的生成随温度的提高，急剧增加。一般认为温度每提高 100K，NO 的生成速率就翻一倍。当温度低于 1800K 时，NO 的生成速率极低；但到 2000K 时会达到很高的速率。氧含量提高也会使 NO 生成量增加。由于 NO 的生成反应比燃料燃烧反应慢，所以只有很少一部分 NO 生成于火焰反应带中，大部分 NO 在火焰离开后的已燃气体中生成。如果减少反应物在高温环境中的滞留时间可以减少 NO 的生成量。

(2) 尾气中的 HC 包含未燃烧的燃料烃、燃油与润滑油及其裂解产物和部分氧化物。据分析，尾气含有 200 多种复杂成分，包括烷烃、烯烃、芳香烃、醛、酮、酸等，其中烯烃有很强的光化活性。HC 和氮氧化物在太阳紫外线的照射下，会发生光化学反应生成二次污染物。一次污染物和二次污染物的混合物产生一种具有刺激性的浅蓝色烟雾（光化学烟雾），其中包含有臭氧、醛类、硝酸酯类等多种复杂化合物。这种光化学烟雾能降低能见度，刺激眼睛和上呼吸道黏膜，引起眼睛红肿和喉炎。光化学烟雾对血液、肝脏、眼黏膜、呼吸道和神经系统有害，其中多环芳烃（PHA）及其衍生物有致癌作用。1952 年 12 月，伦敦发生的光化学烟雾污染，4 天中死亡人数较常年同期多 4000 人，45 岁以上的死亡人数最多，约为平时的 3 倍，1 岁以下的死亡人数约为平时的 2 倍。1970 年，美国洛杉矶发生光化学烟雾期间，导致全城四分之三的居民患病。1971 年，日本东京发生光化学烟雾事件，导致当地学生出现中毒昏迷。

当混合气过稀或过缸内废气过多时会出现火焰传播不充分，即燃烧室内部分区域由于混合气过稀或缸内残余废气过多而不能燃烧，出现断火。这时排气中的 HC 浓度会显著增加。

(3) 汽车尾气排出的固体悬浮颗粒的成分很复杂，主要是燃油及其氧化裂解生成的各种化合物微粒、燃油不完全燃烧生成的炭小颗粒,含铅汽油燃烧产生的铅化物、含硫汽油燃烧生成的硫酸盐。在压燃式内燃机中,颗粒物的排放量一般要比汽油机大几十倍。柴油机排出的颗粒物的组成取决于运转工作状况,尤其是排气温度。当排气温度超过 500℃时,基本上是碳质微球(含有少量氢和其他微量元素)的聚集体,一般称为碳烟;当排气温度较低时,碳烟会吸附和凝聚多种有机物。这些固体悬浮颗粒具有较强的吸附能力,可以吸附各种金属粉尘、强致癌物苯并芘和病原微生物等。悬浮颗粒物直接接触皮肤和眼睛,会阻塞皮肤的毛囊和汗腺,引起皮肤炎和眼结膜炎,甚至还可能损伤角膜。固体悬浮颗粒随呼吸进入人体肺部,以碰撞、扩散、沉积等方式滞留在呼吸道的不同部位,会引起呼吸系统疾病。当悬浮颗粒积累到临界浓度时,便可能会激发恶性肿瘤的形成。

(4) 尾气中的一氧化碳(CO)是 HC 燃料在燃烧过程中的中间产物,它是无色无味的有毒气体。一氧化碳与血液中的血红蛋白结合的速度比氧气快。一氧化碳经呼吸道进入血液循环,与血红蛋白亲和后生成羰基血红蛋白(其亲和力是氧气的 $200 \sim 250$ 倍),大大削弱血液对人体组织的供氧能力。人体缺氧会危害中枢神经系统,造成人的感觉、反应、理解、记忆力等机能障碍,导致头痛、心慌等中毒症状。中毒严重可危害血液循环系统,导致生命危险。

有许多因素会影响发动机的工作,使部分燃料不能完全燃烧而生成 CO。例如,混合气中空气和燃油蒸汽分布不均匀,会出现局部缺氧;浓混合气中,若空气量不足会引起燃料的不完全燃烧,会产生 CO;点燃式内燃机怠速运转时,缸内残余废气很多,为了保证燃烧稳定,往往需要添加浓混合气,此时发动机工作循环中的气体压力与温度不高,混合气的燃烧速度减慢,会排放大量 CO;发动机在加速和大负荷工作时,要将混合气加浓以提供动力,也会因此产生大量 CO;即使燃料和空气混合很均匀,燃烧后产生的高温,也会使小部分已生成的 CO_2 分解成 CO 和 O_2,排气中的 H_2 和未燃烧的 HC 也可能将排气中的部分 CO_2 还原成 CO;如果燃油供给系统和空气供给系统有故障(如空气滤清器不洁净、混合气不洁净、活塞环胶结阻塞、燃油供应太多、空气太少、点火太早或过分推迟、曲轴箱通风系统受阻等),也会产生 CO。

3.3 汽车尾气污染物排放的治理

由于汽车运行的分散性和流动性,尾气净化处理难度较大。除了开发机内净化技术外，还要大力开发机外净化处理技术，加强机动车及其使用的管理。如，提高燃油的燃烧率，安装防污染处理设备、开发新型发动机、控制燃料使用标准、及时淘汰旧车、开发无污染物排放的机动车。汽车尾气污染物排放的许多治理措施都和化学科学技术密切相关。

(1) 禁止使用含铅汽油　汽车发动机的压缩比愈高，得到的输出马力愈大。但是，压缩比太高，发动机就会出现爆震现象。即压缩的油气混合物，在火花塞还没点火之前，就因为被压缩行程所造成的气体分子运动产生的高热被点燃，当火花塞再次点燃压缩油气混合物，造成两团高爆火球在燃烧室里剧烈碰撞，产生爆震。爆震的发生还和燃料有关，选对了燃料，提高了发动机压缩比，也不会发生爆震。由正庚烷组成的汽油抗爆震效果最差，抗震指数定为 0；相反抗爆震效果最好的是异辛烷，抗震指数定为 100。

过去，为了使汽油在发动机中能平稳燃烧，不发生爆震现象，在汽油中加入了一种抗爆剂——四乙基铅 [$Pb(C_2H_5)_4$]。四乙基铅具有很高的挥发性。含铅汽油挥发出的蒸气、燃烧产生的铅粉末以及烟，严重污染大气，影响人体健康。铅是一种重金属，被铅污染的空气、水、食物，通过呼吸、饮水、饮食进入人体，并能在人体中蓄积。铅对人体的毒性作用主要是侵蚀造血系统、神经系统以及肾脏等。我国从 1999 年 7 月 1 日起已禁止使用含铅汽油。因此，要根据发动机压缩比使用抗震性能高的较高标号汽油，使汽油在发动机中能平稳燃烧，避免发生爆震现象。

(2) 汽油中掺入添加剂，改变燃料成分　如在汽油中掺入 15% 以下的甲醇、采用含 10% 水分的水-汽油燃料，都能在一定程度上减少或者消除 CO、NO_x、HC 的污染。采用甲醇和其他醇类与汽油混合所制成的"甲醇燃料"，甲醇占比在 30%～40% 间，汽车尾气排出的污染物可基本上消除。但是，也有汽车行业的专家认为使用含水或甲醇（乙醇）的汽油，由于水和乙醇的汽化热很大，燃油雾化不够好，燃烧过程会增加气缸中的集炭等沉积物，使用时需要注意解决一定的技术问题。

(3) 选用恰当的润滑添加剂、机械摩擦改进剂　在机油中添加一定量（比例为 3%～5%）石墨、二硫化钼（MoS_2）、聚四氟乙烯 [$(C_2F_4)_n$] 粉末等固体添加剂作为润滑剂可使汽车发动机气缸密封性能大大改善，气缸压力增加，燃烧完全。排放的尾气中，CO 和 HC 含量随之下降，可减轻对大气环境的污染。还可节约发动机燃油 5% 左右。

(4) 采用新能源和绿色燃料，减少汽车尾气有毒气体排放量　例如，使用氢等洁净的可燃气体为燃料、使用电能。目前，使用乙醇代替汽油，既节约能源，又可消化陈粮，使汽车排出的有害气体减少，是一个可行的方法（图3-3）。

图 3-3　使用乙醇汽油

2017 年 9 月中旬，我国发展改革委员会、国家能源局等十五部门发布《关于扩大生物燃料乙醇生产和推广使用车用乙醇汽油的实施方案》，决定到 2020 年在全国范围内推广使用车用 E10 乙醇汽油（在汽油调和组分油中加入 10％的变性燃料乙醇），基本实现全覆盖，以减少二氧化碳以及机动车尾气中的颗粒物、一氧化碳、碳氢化合物等有害物质排放；到 2025 年，力争纤维素燃料乙醇实现规模化生产，解决秸秆等农林废弃物焚烧问题、改善大气环境，使先进生物液体燃料技术、装备和产业整体达到国际领先水平。

美国俄亥俄州一个研究所用豆油与甲醇、烧碱混合反应，去除生成的甘油，制得"大豆柴油"。把这种柴油以 3∶7 的比例掺入普通柴油，供柴油汽车使用，大大减少了发动机工作排放的硫化物、碳氢化合物、一氧化碳和烟尘。

（5）使用汽车三元催化转化器治理汽车尾气　在汽车上安装三元催化转化器，高温的汽车尾气通过三元转化器净化装置时，CO、HC 和 NO_x 三种气体的化学活性增强，促使发生氧化-还原反应：其中 CO 在高温下氧化成为无色、无毒的 CO_2 气体；HC 化合物在高温下氧化成 H_2O 和 CO_2；NO_x 还原成氮气，使汽车尾气得以净化。

3.4　三元催化转化器在汽车尾气治理上的贡献

针对汽油机的三元催化转化器（也称三效催化转化器）是目前最成功的

排气后处理装置。三元催化转化器置于燃烧室排气管出口，燃油燃烧生成的废气经过催化转化器，让尾气中占90％的三种主要污染物CO、HC、NO_x发生氧化还原反应，转变为无害的CO_2、水和氮气排入大气（也因此被称为三元催化转化器），有效减少大部分废气污染物，是汽车最重要的机外净化装置。

三元催化转化器（图3-4）的外壳是用双层不锈钢薄板制成的圆筒。在双层薄板夹层中装有绝热材料（石棉纤维毡）。圆筒内部有网状隔板，中间装有由净化剂载体和催化剂组成的核心部件。载体的基底一般由多孔的陶瓷材料制成，其形状有球形、多棱体形和网状隔板等。基底形似马蜂窝状，为的是在有效的空间内，尽可能地增加与废气的有效接触面积。催化剂载体的孔的密度不同，反应效果也不同。基底上还有三氧化二铝涂层，涂层可以让催化剂附着，涂层材料要有较大的比表面积和较好的热稳定性。

图3-4　三元催化转化器的外形和核心部件的陶瓷载体

三元催化转化器的作用可以用图3-5简单地表示。喷涂在载体上的催化剂是按一定比例混合的铂、铑、钯等贵重金属。这些贵重金属是三种废气转化的催化剂，具有高催化活性、低起燃温度、抗烧结、抗硫毒化的特点，是转化器的核心。三种贵金属中铂（Pt）、铑（Rh）的主要作用是催化CO和HC的氧化反应，钯（Pd）的主要作用是催化氮氧化物NO_x的还原：

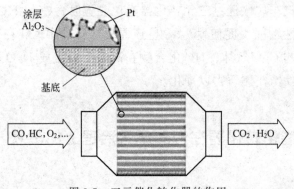

图3-5　三元催化转化器的作用

$$NO+CO \xrightarrow{\text{催化剂}} N_2+CO_2$$

$$HC+NO_x \xrightarrow{\text{催化剂}} N_2+H_2O+CO_2$$

　　三元催化剂的活性温度（最佳工作温度）为 $400 \sim 800 ℃$，最低要在 $250 ℃$ 反应。温度过低时，转换效率急剧下降；温度过高会使催化剂老化加剧。

　　决定三元催化转化器工作效率的最重要因素是空燃比和温度（T）。其转化效率与空燃比的关系如图3-6所示。从图上阴影可看出，只有在理想空燃比（14.7∶1）下，三种污染物的转化效率才会相对同时达到最高，催化转化的效果也最好。

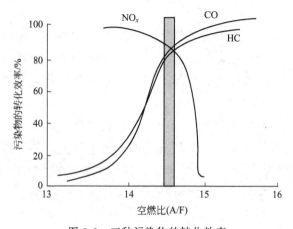

图 3-6　三种污染物的转化效率

　　三元催化转化器适宜的工作温度要适合于催化剂的工作温度，一般在 $350 ℃$ 左右。使用它时要求尾气中还含有氧气，因此发动机的空燃比（进入发动机燃烧室的空气和燃料蒸汽的比）要合理。此外，含铅的燃油添加剂或硫、磷、锌含量超标的机油添加剂，会使磷、铅等物质覆盖于三元催化转化器的催化层表面，阻止废气中的有害成分与之接触而使催化剂失去催化作用，使三元催化转化器"中毒"，失去转化作用功能。三元催化转化器积炭过多也会中毒失效，对于柴油机，要使用颗粒物捕集器或颗粒物滤清器降低颗粒物排放量。

4

材料变迁与创新的威力

当代社会，科学技术的迅猛发展，为生产、生活各个领域提供了各种性能优异的材料，推动了社会的进步。具有优异性能的新材料在各个领域的应用，展现出令人惊叹的威力，显示了科学技术（包括化学科学技术）的无限创造力和令人惊叹的魅力。

当今世界，人们离不开的计算机更新换代速度飞快，得益于各种新材料的研发。世界上第一台电子计算机（美国的大学和陆军部共同研制的）诞生于1945年，一共用了18000个电子管，总质量30t，占地面积约170m²，是一个庞然大物，它在1s内只能完成5000次运算。经过半个世纪，制造计算机的材料发生巨大变化，集成电路技术、微电子学、信息存储技术、计算机语言和编程技术的发展，使计算机技术有了飞速的发展，晶体管代替了电子管，指甲大小的半导体硅芯片上可以集成成千上万个晶体管。今天的计算机小巧玲珑，可以摆在一张电脑桌上，它的重量只有"老祖宗"的万分之一，但运算速度却远远超过了第一代电子计算机。纳米材料出现后，纳米材料级的存储器芯片已投入生产。计算机在普遍采用纳米材料后，体积可以进一步缩小，成为"掌上电脑"。

炎热的夏季，空调的使用遍布各个角落。空调消耗大量电能，虽然可以降低室内温度，却把更多的热量发送到室外，加剧环境温度的升高。人们盼望能找到不耗电、能制冷、不产生热量的材料。现在，在科学家的努力下，这个目标已经快要达成了。2017年科技杂志 Science 发表的文献，报道了科罗拉多大学的杨荣贵和尹晓波（华裔教授）发明的一种具有划时代意义的降温材料。这种材料是用 TPX（聚-4-甲基-1-戊烯）塑料制成的，它无需制冷剂、无需电力就可以为物体降温（图4-1）。用这种材料制成的薄膜，看上去

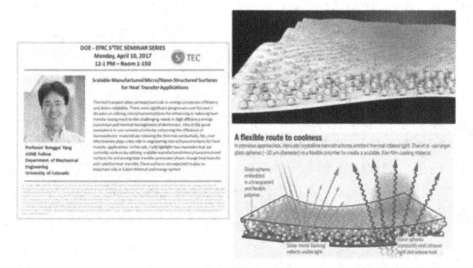

图 4-1　关于降温薄膜发明的报道

像保鲜膜，但在显微镜下你会发现内部有许多直径仅 $8\mu m$ 的玻璃珠。外部则包裹着透明塑料。它通过"辐射冷却"，把从太阳光接收的热量以 $8\sim14\mu m$ 的电磁波形式发射出去，防止热量向下渗透。而对这一波长的红外线，地球的大气层几乎是透明的，不会反射、吸收和散射。也就是说通过这个薄膜散发出的热量，几乎不会被地球再次吸收，它就像倒垃圾一样可以把热量排放到太空。因此，这种材料不仅能实现降温，还能缓解地球变暖。这种薄膜的冷却效果也相当强劲。只需在屋顶铺设 $20m^2$ 的薄膜，就足以在室外 37℃ 时把室内温度保持在 20℃。它不仅效果显著，成本也非常低。每平方米只需大约 50 美分，折合人民币也才 3 元多。发明者表示，这种材料制作工艺不复杂，在大规模生产方面并没有很大的障碍，希望 1～2 年内可以投放到市场。

……

还有许许多多令人惊叹的事实，让人叹服材料变迁与创新的威力。下面和大家分享几则材料变迁、创新和应用的实例，共享科学带给我们的惊喜和便利。

4.1　撑杆跳高撑杆变化的故事

当今世界，先进的材料是提高体育竞技水平的重要条件之一。体育竞技从某个角度看，可以说是材料科技发展的竞争。世界各国尤其是发达国家都在不遗余力地将各种高技术、新材料应用到运动训练和体育器材上，以提高运动成绩。在撑杆跳高运动的发展过程中这一点得到了印证。

撑杆跳高（图 4-2）是一项必须运用器材的运动，运动员要跃过令人炫目的高度，除了运动员必须具备全面的身体素质、高超的技术和过人的勇气外，撑杆能否发挥强大的助力，也是一个关键因素。撑杆跳高源自于英格兰一种民间的运动，人们利用木杆在溪流纵横的沼泽地中助跑撑起撑杆一跃而过。因此，撑杆跳高在刚进入田径项目时，使用的是木杆。木杆硬而脆，没有弹性，不能很好地将参赛队员的水平速度转换成垂直势能，当时男子最佳成绩仅 2.29m。

图 4-2　撑杆跳高

19 世纪初，人们发现竹竿韧且轻，又有弹性，是一种很好的撑杆跳高工具。竹竿自然而然地替代木杆用到了正式比赛中。从 1912 年到 1941 年将近 30 年间，共有 16 人次利用竹竿创下了新的世界纪录。竹资源丰富的国家日本，对竹竿的加工有着独特的工艺，他们将砍伐下的竹子，经过 5 年左右时间的晾干，使竹油充分排尽。即使在强烈的阳光下进行比赛，这种竹竿的强度和韧性也丝毫不受影响。凭借这点优势，日本撑杆跳高名将西田休平在 1932 年奇迹般地越过 4.30m，以 1cm 的优势险胜美国撑杆跳好手米勒。1936 年柏林奥运会，日本运动员又获好成绩，日本的撑杆跳高进入了黄金时期。

此后，材料科学发达的美国，在充分研究撑杆跳高的技术特点后，运用先进的金属加工工艺，研发了重量轻、弹性好的轻质合金撑杆。1942年，美国人瓦塔姆创造了4.77m的新的世界纪录。人造材料战胜了天然材料！竹竿相形见绌，退出了撑杆跳高领域。20世纪50年代合金杆一统天下，美国选手保持了这个项目的绝对优势，选手德比斯用金属杆越过了4.83m，这是金属杆创下的最后一个纪录。后来，人们又发现，合金撑杆材料虽然均匀性好、弹性模量大、不易弯曲，但是弹性模量大且较硬的撑杆插入插穴时，会产生很强的反冲力。运动员的上肢肌肉要非常发达，力量强壮才能控制好撑杆。撑杆跳要身轻如燕，才更合理，更有美感。要用好合金撑杆，运动员力量要增加，同时体重也会相应增加，不利于提高成绩，增加美感。

竞赛的需求，新材料的出现，又为撑杆的更新换代提供了条件——玻璃纤维复合杆出现了。玻璃纤维复合撑杆是用玻璃纤维编织成圆筒后与有机树脂黏合成型，在高温定型后制造的。玻璃纤维复合杆可承受的强力大，弹性好，重量轻且经久耐用，因此成为撑杆跳高运动员得心应手的工具。运动员使用玻璃纤维复合撑杆在助跑结束插入斜穴时，撑杆能将运动员快速向前的动能很好地转换为撑杆的弹性变形能，撑杆被压弯到最大弧度后，向上释放出这部分弹性变形能而转换为运动员的势能，帮助运动员腾空而飞跃横杆。1960年，美国运动员用这种新"武器"一举飞过了4.98m的高度，打破了"人的体力不能超过4.87m的极限"的神话。1962年运动员尤尔赛斯3次刷新世界纪录，成绩提高了11cm。1963年世界纪录又被刷新4次，共提高了26cm。凭借这一技术优势，美国人始终占据绝对实力，垄断了20世纪60年代和70年代中20年撑杆跳高项目的最好成绩。20世纪80年代，由于多种高性能纤维应用于复合材料撑杆上，撑杆跳高的优势开始转向欧洲。1985年苏联选手布勃卡用新型碳纤维撑杆首破6m大关。紧接着人们又征服了一个又一个惊人的高度。

4.2 飞机设计制造更新换代的历程

航空制造发展的百余年历史中，飞机材料高速更迭与变换。材料和飞机一直是在相互推动下不断得以发展和改进的，"一代材料，一代飞机"。材料科学与工程发展、新型材料的出现、制造工艺与理化测试技术的进步，为航空新产品的设计与制造提供了重要的物质与技术基础，从而对航空产业的发展起着有效的推动作用。

世界上第一架载人飞机——"飞行者1号"的主要材料就是云杉木。在其使用的材料中,木材占47%,钢占35%,布占18%,其螺旋桨也是木制的。这种简陋的机体结构很不可靠,飞行是冒险的事。早期的飞机(图4-3)是木布结构,用木条、木三夹板做大梁和骨架,用亚麻布做机翼的翼面。木杆与层板之间,通常用螺栓相拼接。机翼则蒙上涂抹过清漆的亚麻布,以缝纫方式与翼肋构架相连接。清漆可以保证翼面的坚挺度、应有的几何形状和强度。木布结构飞机一直沿用到第一次世界大战结束(当然,飞机的气动外形和内部结构有所改进,更合理和完善)。

图4-3 1909年制造的飞机

20世纪20年代起,半金属结构飞机出现了。它有半硬壳式的机身,具备翼型空间的机翼,发动机架和整流罩等部位更多采用了金属零件,翼面、舵面和后机身仍部分采用布质做蒙皮,飞机性能有了大幅提高。1906年,德国冶金学家发明了硬铝(杜拉铝),使后来制造全金属结构的飞机成为可能。20世纪20年代,极少数飞机开始试用强度更高的硬铝合金,硬铝合金替代了原先制作飞机骨架和翼肋的木条,也少量替代了承力较大的布质机翼蒙皮。飞机上的非承力部件,依然采用低成本的木、布结构。当时,苏联等国曾试用钢材来制造飞机,钢材密度大,严重削弱飞机的飞行或使用效能。最终"钢铁飞机"被抛弃。

1925年后,金属材料兴起,用钢管代替木材做机身骨架,用铝板蒙皮,制造的全金属结构飞机出现了。飞机结构强度更大,气动外形改善,飞机性能得到大大提高。20世纪40年代,全金属结构飞机的时速超过了600km。当时航空技术先进的国家,如德国、美国在20世纪30年代后期曾尝试使用被压成细波纹状的薄铝板做飞机表面蒙皮，加大了飞机的纵向强度。世界上第一架客机容克 F13 和一系列容克、福克、福特品牌的客机或运输机都成功采用过这种外部材料。目前，硬铝仍然是全球飞机的主要用材。20 世纪40 年代初期，由于战争爆发，航空用铝紧缺，"木头飞机"一度复活（如英国皇家空军的"蚊式"战斗轰炸机）。"木头飞机"大量使用胶水黏合结构件，坚固耐用，作战效能也不错。

进入 20 世纪 50 年代以后，航空技术发展跨入超音速时代，飞机材料需要耐高温。为满足全新的高强度耐热材料的需求，出现了航空专用的既坚固又耐热的钛合金和不锈钢。钛合金的成功研制和应用解决了机翼蒙皮的热障问题。钛合金不易加工，强度大，通常只用在特殊部位、内部骨架和起落架支柱等部位。

20 世纪 70 年代后，复合材料的出现和应用，使航空技术得到又一次的飞跃。将玻璃丝纤维掺和在环氧树脂内形成的复合材料（玻璃钢）比强度高、刚度高、重量轻，具有抗疲劳、减振、耐高温、可设计等一系列优点。应用于飞机制造，使飞机在维持原强度的前提下减轻重量，或在同样的重量下，获得更高强度。玻璃钢问世后，复合材料领域呈现出一派生机。20 世纪 80 年代出现了世界上第一架"全塑料飞机"AVTEK400。陶瓷纤维和硼纤维增强的复合材料相继研制成功。这些复合材料大多用在非主要承力部件上（如舵面蒙皮、设备口盖、小飞机的机身和机翼蒙皮等）及机载雷达上，一般采用玻璃纤维增强塑料做成头锥，将它罩住以便能透过电磁波。驾驶舱的座舱盖和挡风玻璃采用丙烯酸酯透明塑料（有机玻璃）制成。飞机主起落架采用冲击韧性好的超高强度结构钢。

当前，碳纤维复合材料，以及铝、钛、钢复合材料，已成为现代飞机的基本结构材料。波音 787 是使用复合材料的代表，是飞机制造业历史上一次革命性的跨越。波音 787 飞机在机身和主要结构上大面积使用了复合材料，不仅减轻了飞机重量，还减轻了航空公司的维修负担。波音公司的数据显示，复合材料占到波音 787 飞机结构重量的 50%（体积的 80%），其中铝占20%，钛占 15%，钢占 10%，其他材料占 5%。

进入 21 世纪，先进飞机已经越来越青睐碳纤维复合材料，甚至将其在飞机结构总重中所占的比例作为衡量一个国家飞机制造技术的硬指标，并向将其用于机翼甚至前机身等主承力部件的方向发展。

我国的 C919 飞机（图 4-4）大量地使用了新材料，这是 C919 的一大亮点。C919 除了使用国产铝合金、钢等材料（占全机结构重量 20%～30%，钛合金用量达 9.3%），还使用了大量的先进碳纤维复合材料、钛合金、先进的第三代铝锂合金。钛合金的密度比钢小得多，而强度又和钢很接近。因此，它可以大大减轻飞机及其发动机的重量。其使用的第三代铝锂合金材料、先进复合材料（碳纤维增强树脂基复合材料）在机体结构用量的占比分别达到 8.8% 和 12%。C919 是第一种大范围地采用铝锂合金的机型，实现了比 B737、A320 等同类机型轻 5%～10% 的目标。由于大量采用复合材料，机舱内噪声可降到 60dB 以下（国外同类型飞机机舱噪声为 80dB）。C919 的 LEAP-X1C 型发动机的 18 片风扇叶片使用了碳纤维复合材料，涡轮部件使用了陶瓷基复合材料。因此，获得了"航空之花"的美誉。

图 4-4　我国的 C919 大型飞机

4.3　宇宙飞行器安全返回的保障

当宇宙飞行器完成任务要返回地球，宇宙飞行器飞行速度等于声速的 3 倍时，其前端的温度可达 330℃；当飞行速度等于 6 倍声速时，可达 1480℃。宇宙飞行器遨游太空归来，到达离地面 60～70km 高度时，其速度仍保持在声速的 20 多倍，温度在 10000℃ 以上，这样的高温足以把宇宙飞行器化作一团熊熊的烈火。高速带来了高温，这似乎是一道不可逾越的障碍。人们把这种障碍称为"热障"。

怎样使宇宙飞行器克服"热障"，安然地返回地面呢？科学家在分析了"宇宙不速之客"——陨石后发现，陨石表面虽已熔融，但里面的化学成分没有变化。这说明陨石在下落过程中，尽管表面因摩擦生热产生几千度高温而熔融，但由于穿过大气层的时间很短，热量还来不及传到陨石内部。这给科学家以启发：让宇宙飞行器的头部戴一顶用烧蚀材料做成的"头盔"，给宇宙飞船的外壳贴上耐高温的复合陶瓷材料做成的陶瓷瓦（图4-5）。把重返大气层时摩擦产生的热量挡在外部或者消耗在烧蚀材料的熔融、气化等一系列物理和化学变化中，使飞船内的温度始终维持在正常的范围内，飞船就能平安地返回地面。

图 4-5　给宇宙飞船粘贴陶瓷瓦

一位宇航员曾亲眼目睹了宇宙飞船闯过"热障"的壮观：当飞船降落时，首先从舷窗中看到了烟雾，然后又看到了红色、金黄色、黄色、绿色、蓝色等五彩缤纷的火焰，听到飞船头部的烧蚀材料燃烧发出的噼噼啪啪的声音。

作为烧蚀材料，要求气化热大，热容量大，绝热性好，向外界辐射热量的本领大等。烧蚀材料有很多种，其中陶瓷不失为"佼佼者"。不过，单纯陶瓷材料的抗热冲击性能还经受不了如此激烈的温差变化，最好采用纤维补强。近年来，人们成功研制了许多高强度、高弹性模量的纤维，如碳纤维、硼纤维、碳化硅纤维和氧化铝纤维，用它们可以制成相应的纤维增强陶瓷复合材料。

中国科学院上海硅酸盐研究所成功研制了火箭导弹头部用的烧蚀材

料——碳纤维-石英复合材料和其他无机烧蚀材料，并将它们应用于我国第一代洲际导弹和远程火箭，成功地解决了端头超高温防热的技术难题，为我国的航天事业作出了贡献。

4.4 手机制作材料变迁带给人们的喜悦

现代社会，手机成为人们手头离不开的通信、联络和及时获取各种信息的工具，智能手机日益普及。智能手机的触控屏幕、外壳是手机外观最引人注目的地方，也是使用者最常接触的部分。为了使用方便、耐久、美观，使手机更有"魅力"，手机的材质和设计是生产厂家最着力求新、求变的部分。材料的更新是手机更新换代的有力支撑。

4.4.1 手机外壳材料的更新

手机外壳是手机的支撑骨架，手机内各种电子零件的定位及固定、抵御外来物体的撞击或渗漏，都靠它。最初的手机外壳材质（图 4-6）多为普通工程塑料，外表未经过修饰，只有简单的防滑纹或者喷漆处理，实用但缺乏美感。随后，许多手机采用华丽的材质来装饰，如采用普通的聚氨酯喷漆、耐磨防滑的磨砂漆、钢琴烤漆、塑胶喷涂工艺等。钢琴烤漆高档、华丽、有美感，但工序复杂，容易沾染指纹影响美观，时间长了会出现脱落、掉漆现象，耐磨损性能有待提高。采用塑胶喷涂工艺，在外壳表面喷涂一层特殊油漆，这种工艺使得外观有质感、不沾指纹、防滑手感好，但使用了一段时间后，常出现塑胶整块脱落的现象。后来，在很长一段时间里，工程塑胶聚碳酸酯（简称 PC）、丙烯腈-丁二烯-苯乙烯塑料（简称 ABS）、金属（如航空用铝合金），成为手机外壳的主要材质。智能手机尺寸增大、消费者追求轻薄的趋势，使得中高阶手机产品都开始增高聚碳酸酯材质比例，减小 ABS树脂的使用比例。为了避免造成手机增重太多，航空铝材开始仅作为某些关键部位的材料，以抵御意外撞击，提高手机抗冲击能力。目前铝镁合金、钛铝合金材料用于制造金属外壳。铝合金材料强度大，抗压性、耐磨性较强，重量轻、易于散热。铝镁合金外壳还可通过表面处理工艺上色，对于外界的电磁干扰有着良好的屏蔽作用。当然，在屏弊外界电磁干扰的同时，手机收发无线信号的天线性能也大大降低，一些手机因此要搭配使用塑胶材料，在

图 4-6 手机外壳

该处安置天线。金属合金材料成本高,且随着使用时间增加,表面喷涂的颜色易磨去,外壳划痕显眼。

随着手机尺寸增大,先进的复合材料又纳入了手机外壳的应用范围,纳米碳纤维就是其中之一。运用纳米技术制造出来的碳纤维材料,其强度比以前的碳纤维提高十倍以上,磨损率大大减小,使用寿命增长。它既拥有铝镁合金坚固的特性,又同时拥有 ABS 工程塑胶的高可塑性,其外观类似塑胶但是强度和导热能力又优于普通的 ABS 塑胶。碳纤维的成本高昂,目前仅有少数的特殊手机产品选用作为外壳材质。碳纤维外壳的成型技术目前不如 ABS 外壳成熟、表面处理与上色技术难度较高,因此碳纤维外壳的形状一般都比较简单,缺乏变化,外观上欠缺时尚感,且碳纤维外壳如果接地不好会有轻微的漏电感。

智能手机品牌厂商在外壳材料上一直不断挖掘创新,应用了很多先进的复合材料,例如,凯夫拉、液态金属与陶瓷材料等也被引入智能手机产品内。凯夫拉纤维的重量轻,而且强度高于玻璃纤维、碳纤维和硼纤维,但它的压缩强度、剪切强度较低,同时吸水性较高,成本昂贵,因此在外壳设计上的局限性很大。此外,随着新技术的导入,工程塑胶外壳有望在智能手机产品上重新取得主流地位,如一些手机使用强化陶瓷技术或高含量的玻璃纤维塑胶复合材料作为外壳材料。

4.4.2 智能手机的触控屏

手机的触控屏,是一种液晶显示屏。液晶是 1888 年奥地利植物学家莱尼茨尔(Reinitzer)发现的。液晶显示技术对显示显像产品结构产生了深刻影响,促进了微电子技术和光电信息技术的发展。计算器、计算机显示器、

图 4-7 液晶显示屏

笔记本电脑的屏幕都是液晶显示器（LCD）。液晶显示屏属于光电显示材料，它是利用液晶的电光效应把电信号转换成字符、图像等可见信号。

液晶显示屏（图 4-7）的构造是在两片平行的玻璃基板当中放置液晶盒，下基板玻璃上设置薄膜晶体管（TFT），上基板玻璃上设置彩色滤光片。液晶在正常情况下，其分子排列很有秩序，显得清澈透明，一旦加上直流电场后，分子的排列被打乱，一部分液晶会改变光的传播方向，液晶屏前后的偏光片会阻挡特定方向的光线，从而产生颜色深浅的差异，因而能显示数字和图像。液晶是液晶显示器最核心的材料（如果你想知道液晶是怎样的物质，可以参看第 7 章）。

4.4.3　智能手机微处理芯片的材料

智能手机内部的微处理器芯片中，承载信息传输的电子跑得并不是很顺畅，电子的移动就像穿行于拥挤的菜市场，到处磕磕碰碰，似乎导电体内杂质成堆。电子互相碰撞，在晶体中穿行，会因此发热，因此手机充电或使用几小时后，会热得烫手甚至死机。产生的废热必须及时、迅速地传导出去，否则就会损伤电路。废热成了影响手机和电脑芯片工作效率的主要问题。

要找到一种材料，在传导电流时，电子移动没有遇到阻力，不产生热，那就太理想了。过去的一个多世纪里，人们曾认为超导材料传导电流可能是不产生热的，后来发现绝大多数超导材料只能在接近绝对零度（−273℃）时才表现出超导特性。不少科学家在努力寻找电子移动没有遇到阻力、不产生或少产生热的材料。2007 年科学家首次合成了一种奇特的材料，它的内部是绝缘材料，表面却能导电，电子可以在材料表面完全自由、顺畅地移动。科学家用这种材料制作成单层锡原子膜，它非常薄，只由一层原子构成。膜对电子运动方向拥有超强的约束能力，用它传导电流，电子只能沿材料的边缘移动，而且低温、常温都一样起到约束作用。这是真正的零产热材料，这种膜可能首先被用于制造微处理器芯片的导线，可以极大地降低能源消耗和减少废热，也可以用作把热能直接转化为电能的热电材料。如果单层锡原子膜能实现规模生产，表面导电效率达到100％，就会迅速应用于各种电子产品。

不过，目前要大量做出真正的单层锡原子膜产品还不可能，乐观地估计还要5～10年时间。

4.5 医用材料研发给患者带来福音

随着人们生活质量的不断提高，对医疗技术提出了更高的要求。当需要对损伤、失去功能的骨骼、器官做修补、更换时，就必须有性能优异的、能和人体组织相容、经久耐用的医用材料。诸如，人造骨、人工眼球晶体、人造血、人造血管，乃至人的骨髓的代用品。这些材料的成功研发，让患者找回了因为伤、病丧失的某些器官的功能，重新获得了健康，找回了生活的乐趣，提高了生活质量。

4.5.1 人工晶状体

白内障患者的眼睛晶状体（见图4-8）发生变性，混浊、透明度降低，严重影响视力。在使用超声波将晶状体核粉碎、乳化吸出后，要植入人工晶状体替代原来的晶状体，使外界物体能聚焦成像在视网膜上，才能恢复视力。所用的人工晶体，是用硅胶、聚甲基丙烯酸甲酯、水凝胶等合成材料制成的特殊透镜。它的形状、功能类似人眼的晶状体，重量轻、光学性能高，

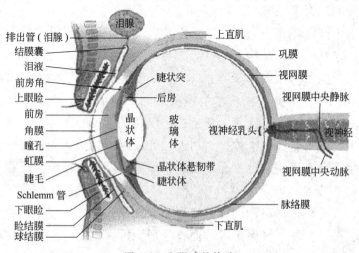

图4-8 人眼球的构造

无抗原性、致炎性、致癌性，不会发生生物降解。

用于制造人工晶体的材料主要有下列几种。

(1) 聚甲基丙烯酸甲酯（PMMA） 它是最先用于制造人工晶状体的材料。PMMA 是一种相对简单的聚合物结构（图 4-9），为硬质材料，经特殊加工后可增加弹性。它的密度低于水，为 $0.9 \sim 0.92 \text{g/cm}^3$，吸水性低，具有高强度、高韧性、高畸变温度、良好的表面坚硬度的特点。

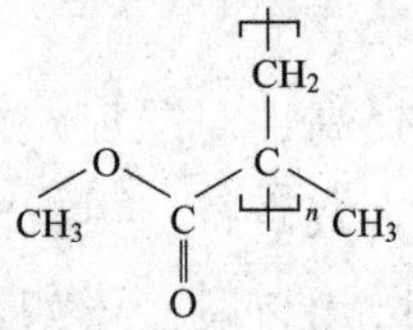

图 4-9　PMMA 的结构式

(2) 第一代、第二代硅凝胶 它是软性人工晶状体的主要材料之一，在临床上得到广泛的应用。主要成分是二甲基乙烯基硅氧基聚甲基硅氧烷，简称甲基乙烯基硅酮（图 4-10）。

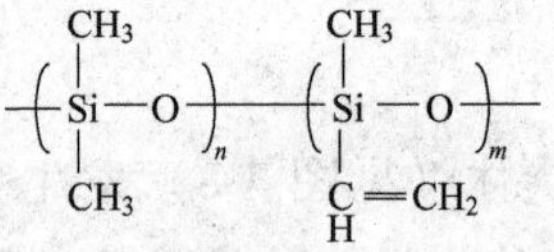

图 4-10　甲基乙烯基硅酮结构式

(3) 聚羟基乙基甲基丙烯酸甲酯（PHEMA）。

(4) 丙烯酸酯材料 由苯乙基丙烯酸甲酯、苯乙基丙烯酸酯及其他交联体聚合而成的一类多聚物。

(5) 由甲基丙烯酸甲酯、羟乙基甲基丙烯酸甲酯等三种丙烯酸酯交联聚合而成的三维共价网状结构。

目前用于微切口白内障摘除手术（摘除混浊的晶状体手术的切口小于 2mm）的人工晶体主要有：疏水型丙烯酸酯制成的人工晶体；亲水型丙烯酸酯制成的人工晶体，厚度薄，可折叠；以交叉排列的硅凝胶聚合体作为基质，其中均匀分布着光敏小体，当用近紫外线照射晶状体光学部位时，光敏小体会发生聚合、迁移，可以而改变晶状体的厚度，进行原位近视、远视和散光的精细调节。

目前，人工晶体材料和设计的发展一方面使人工晶体在生物相容性、术后视功能、调节机能、光保护等方面有了很大提高；另一方面，材料种类大大拓宽，临床医师可以根据不同的病患条件，个性化选择植入的晶体。今后通过进一步的研究，希望能研发出更新型的人工晶体：这种人工晶体以液态状注射入患者眼睛的囊袋后，能迅速固化为凝胶状态并保留调节视力的能力。

4.5.2 人造血管

当人体某部位血管因老化、栓塞或破损等不能正常供血时，需切除并用血管代用品置换。目前，直径大于 6mm 的人造血管已普及，但小于 6mm 的小口径血管的研制成为国际难题。

无缝的人造血管是 20 世纪 50 年代研制成功，并开始临床应用的。人造血管要求物理和化学性能稳定；具有一定的强度和柔韧性；网孔度适宜，可随意弯曲而不致吸瘪；易缝性好；血管接通放血时不渗血或渗血少且能即刻停止；移入人体后组织反应轻微，人体组织能迅速形成新生的内外膜；不易形成血栓，有令人满意的远期通畅率。

目前，制造人造血管的原料主要有涤纶、聚四氟乙烯、聚氨酯和天然桑蚕丝。用这些材料织造管状织物，经处理加工成为螺旋状的人造血管。20世纪 60 年代出现了以高分子聚四氟乙烯为原料经注塑而成的直型人造血管（考尔坦克斯 Core-Tex），现在已广泛应用于临床（图 4-11）。近年来出现了聚氨酯（PU）人工血管材料，这种材料具有更优良的生物相容性。它的结构非常类似生物体血管内壁，宏观上表面十分光滑，但是从微观上看，却是一个有双层脂质的液体基质层，中间嵌有各类糖蛋白和糖脂质。这种宏观光滑、微观多相分离的结构使其制成的血管壁具有优异的抗凝血性能。同时，PU 又具有优异的耐疲劳性、耐磨性、高弹性和高强度，因此被广泛用于生

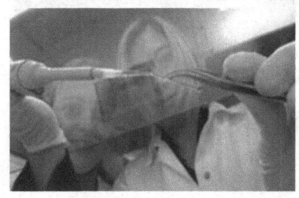

图 4-11　研制人造血管

物医学材料领域，用于制作人工心脏、人工肝、介入导管及高分子控缓释药物等。但是，已有的 PU 材料在长期使用过程中，在人体内会出现老化降解和钙化现象，材料出现裂纹，甚至全部损坏。

近年来，德国弗劳霍夫研究所的科学家们开始利用 3D 立体打印技术研制人造血管。该项研究成果将有望被用于人体试验和药物测试。他们运用有机高分子材料与能够有效抵抗排异反应的生物分子结合，制作出了一种特殊的"印刷墨水"，用它印制出来的物质经化学反应后能够形成一种有弹性的固体，科学家可以根据人类血管构造将其雕塑成 3D 立体人造血管。

4.5.3 人造血液

人的血液组成十分复杂（图 4-12），人体的造血相对缓慢，在遇到外伤、外科手术等突如其来的血液需求时，往往需要输血。而传统的血液来源依赖公民献血和转基因动物，不仅供血量不稳定，而且面临各种风险：如血源中可能存在某些病毒；输血过程若出现小气泡，将危及患者的健康；患者需要高氧治疗时，普通血液的携氧能力又不尽如人意。氟碳化合物人造血液的研制，为解决这些问题开辟了道路。

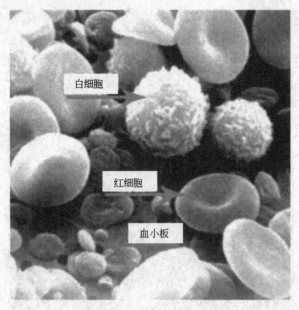

白细胞

红细胞

血小板

图 4-12　血液的组成

氟碳化合物人造血液是一类具有载氧能力，可暂时替代血液部分功能的液体制剂。它的主要成分是氟碳有机化合物的乳剂。人造血液主要用于外伤、医疗手术等所致大出血的治疗，近年来开始用于遗体器官的保存、一氧化碳中毒的治疗，以及体外循环预充液和心肌保护的研究。

1966年，美国科学家克拉克发现，在含碳氟化合物的容器里有只老鼠，当他取出老鼠并排除其呼吸道中的液体时，老鼠竟然苏醒了。出于好奇心，克拉克有意在这类液体里放入老鼠，几小时后取出，结果大大出乎他的意料：老鼠奇迹般地复活了。经过研究发现，这种液体溶解氧气和二氧化碳的能力分别是水的20倍和3倍。克拉克从中得到启发：可以用这种液体来代替血液。

1979年，一种新型的氟碳化合物乳剂作为人造血液，首次在日本应用于人体单肾脏移植手术，并取得成功。时隔不久，美国也报道了利用人造血液给一位信仰宗教、拒绝输血的老人治疗血液病获得成功。

1980年8月，中国科学院上海有机化学研究所和中国人民解放军第三军医大学的科学工作者经过5年的人造血液研究获得成功。

氟碳化合物人造血液是由氟碳化合物组成的白色的胶体超微乳剂。氟碳化合物是一类主要由碳原子与氟原子组成的有机化合物，这类物质的化学性质极为稳定，能够经受高温加热、光照、化学作用、微生物作用和高等脊椎动物的代谢作用。氟碳化合物的化学结构类似于不粘锅内表面涂敷的聚四氟乙烯，在制作成人工替代血液的过程中、在高温灭菌过程与产品保存期间也都相当稳定。用于制造人工血液效果较好的氟碳化合物有全氟正丁基呋喃、全氟三丁胺、氟里昂E4、全氟萘烷、全氟甲基萘烷，全氟三丙胺等。氟碳化合物具有良好的携氧能力，在一定浓度和氧分压条件下，其氧溶解度为水的20倍，比血液高2倍。氟碳化合物像螃蟹的螯那样，能够把氧抓住，它可以自肺里携带氧气至人体内的各部分组织与器官，再把氧气放出来，维持细胞的新陈代谢。氟碳化合物又可经由呼吸作用自肺排出，或经由排汗的过程由皮肤表面排出。氟碳化合物不溶于水，所以通常是以乳化的方法将其制成约200nm大小的颗粒分散液，再以点滴的方式注入病人的静脉里。与人体红细胞的尺寸（$1\sim8\mu m$）相比，经乳化后的氟碳化合物纳米颗粒相当小，其携带氧气的面积可以大幅提高，且可以穿过红细胞无法通过的阻塞血管。不管哪种血型的人，都能使用氟碳化合物人造血液。但是，在操作过程中，病人需要通过特定面具吸入70％～100％的氧气，这就意味着在医院以外的环境下使用这种物质可能受到限制。

4.5.4　人工骨髓

人的骨髓是重要的造血器官，又是重要的免疫器官。骨髓含有造血干细胞等多种干细胞，血液的所有细胞成分都来源于造血干细胞，它们每小时产生 100 亿个运输氧气的红细胞，产生几亿个起免疫作用的粒细胞、单核细胞、巨核细胞、血小板等，以维持血液循环，监视防范外源病毒、细菌和真菌对人体的侵害，清理自体衰老、癌变的细胞。

患白血病的人，造血干细胞异常，要依赖骨髓干细胞移植治疗。而骨髓干细胞移植从寻找供体、配型、捐献到控制排异反应，每个环节都很复杂，配型吻合者很少。

德国科学家设想研制一种人工骨髓用于白血病患者的移植治疗。骨髓中造血区域的骨头高度疏松，类似海绵，这种环境不仅调节造血干细胞和骨髓细胞，而且能实现多种类型细胞之间信号物质的高效交换。制造人工骨髓，要模仿造血干细胞生存的复杂微环境，要寻找特殊的材料，构造特殊的结构，既要模仿骨髓的硬环境，又要模仿其他细胞（造血干细胞之外的）组成的软环境。

研究人员在乙二醇（$HO—CH_2—CH_2—OH$）液体中加入很细的食盐，让乙二醇聚合成半软半硬的状态，再放入水中使食盐溶解，留下食盐颗粒原来所占的空间，模仿出多孔如海绵的松质骨结构。再在聚乙二醇上连接特殊的氨基酸片段，模拟细胞与松质骨间的界面。最后，将造血干细胞和骨髓干细胞混合，一起种入人工松质骨，组装成人工骨髓。骨髓干细胞及其后代能分泌多种化学物质，构成造血干细胞需要的化学微环境。经过 10 天培养，造血干细胞数量和比例可以大大提升。这种人工骨髓不仅为白血病的治疗提供新思路、新希望，也为揭示天然骨髓的一系列特性奠定了技术基础。

5

多姿多彩的金属材料

人类社会继石器时代之后出现的铜器时代、铁器时代，均以金属材料的应用为标志。现在，种类繁多的金属材料已成为人类社会发展的重要物质基础。

在化学科学诞生之前，人类凭生产实践中获得的经验和感悟，从自然界中获得各种材料，不自觉地通过化学变化加工、创造了生产生活中不可缺少的材料。古人直接使用游离态的金属（如金），用简单的冶炼方法从铜矿石、铁矿石炼制铜（包括青铜）、铁，用以制造金属器皿和简单的武器。生产实践与社会进步，促成了化学科学技术的建立和发展，极大地促进了材料的制造、开发和研究。化学科学技术的发展，使得人们能更深入地分析、研究传统材料制造、加工的原理，从知其然到知其所以然，从经验走向理性，使材料制造过程更有规律可循，为制造工艺的改革、新材料的研发创造开辟了新的途径。金属冶炼技术的进步，就是一例。

5.1 金属冶炼技术的发展

地球上已发现的 86 种金属元素，除金、银外，绝大多数都以化合态（氧化物、硫化物、砷化物、碳酸盐、硅酸盐、硫酸盐等）存在于各类矿物中。要获得各种金属及其合金材料，首先要将金属元素从矿物中提取出来，再对粗炼金属产品进行精炼、提纯或合金化处理。

金属冶炼就是把金属从化合态变为游离态（单质）的过程。各种金属冶炼的原理本质上都是通过氧化还原反应，把金属从化合态还原为单质分离出来。不同金属化学活性不同，活性越强的金属，越难把它从化合物中还原出来，需要更高的温度、使用更强的还原手段。

（1）热还原法（干式冶金）　用碳、一氧化碳、氢气、活动金属作为还原剂与金属氧化物在高温下发生氧化还原反应，还原出的金属单质熔化为液体分离出来。殷墟考古发现，3000 多年前我国已经会利用孔雀石〔主要成分是碱式碳酸铜 $CuCO_3 \cdot Cu(OH)_2$ 或 $Cu_2(OH)_2CO_3$〕为原料炼铜。孔雀石与点燃的木炭接触，被分解为氧化铜，继而被还原为金属铜：

$$CuCO_3 \cdot Cu(OH)_2 \xrightarrow{加热} 2CuO + CO_2 \uparrow + H_2O \qquad C + 2CuO \xrightarrow{加热} 2Cu + CO_2 \uparrow$$

铁、锰、钨的冶炼和高炉炼铁也都属于热还原法：

$$4Al + 3MnO_2 \xrightarrow{高温} 2Al_2O_3 + 3Mn \qquad Fe_2O_3 + 3CO \xrightarrow{高温} 2Fe + 3CO_2$$

活泼的金属钾也可以在特殊条件下，通过热还原法制得：

$$Na + KCl \xrightarrow[真空]{高温} K + NaCl$$

一些不活泼金属的氧化物，在高温下就可以分解还原为单质，如：

$$2HgO(s) \xrightarrow{加热} 2Hg(l) + O_2(g)$$

从矿石中冶炼得到的金属，往往含有较多的杂质，需要精炼。例如，从铁矿石中冶炼得到的熔融态的铁凝固形成的生铁，含碳量较大，达 2% 以上（这是由它在凝固时的相组成决定的），还含磷、硫、硅等杂质。由于它的机械性能不好，需要通过化学方法，用氧气等氧化剂氧化除出去过多的碳和杂质，成为性能更好的钢。炼钢工艺，有碱性平炉炼钢、电弧炉炼钢、氧气顶吹转炉炼钢（图 5-1）等技术。随着生产技术的发展，现代形成了真空精炼、吹氩精炼和电渣重熔等新工艺。除去过多的碳和磷、硫等杂质的反应，在高温下处于一定的平衡状态，因此，得到的钢中仍然含有少量的杂质，只是不

图 5-1　转炉炼钢

同型号的钢杂质的含量不同而已。

从铜矿石用热还原法冶炼得到的铜含杂质多，要通过电解精炼得到精铜（图 5-2）。

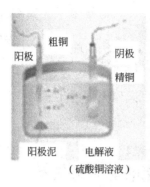

图 5-2 铜的电解精炼

（2）置换法（湿法冶金） 在酸、碱、盐类的水溶液中通过置换反应，溶剂萃取或离子交换从矿石中提取所需金属组分。这种方法可以从低品位、难熔化或微粉状的矿石中提炼金属。

刘安的《淮南万毕术》中记载的"曾青得铁则化为铜"，指的就是我国古代的湿法冶铜技术。先用硫酸与含氧化铜的矿石反应，得到含硫酸铜的溶液，再用铁置换出铜。

$$CuO + H_2SO_4 == CuSO_4(aq) + H_2O$$

$$CuSO_4(aq) + Fe == Cu + FeSO_4(aq)$$

难于分离的金属如镍-钴、锆-铪、钽-铌及稀土金属也都可以采用湿法冶金的技术（溶剂萃取或离子交换）进行分离。

（3）电解法 将熔融的金属盐通过电解，生成金属单质。电解法相对成本较高，易造成环境污染，但提纯效果好、适用于多种金属。不能用还原法、置换法冶炼的活泼金属（如钠、钙、钾、镁等）和需要提纯精炼的金属（如精炼铝、铜等），都可以用电解法冶炼。

$$2NaCl(熔融) \xrightarrow{电解} 2Na(s) + Cl_2(g)$$

$$MgCl_2(熔融) \xrightarrow{电解} Mg(s) + Cl_2(g)$$

$$2Al_2O_3(熔融) \xrightarrow{电解} 4Al(s) + 3O_2(g)$$

随着化学科学和技术的发展，冶金技术也不断得到改进。例如，铝的电解冶炼工艺的创新。氯化铝中铝和氯之间的化学键为共价键，氯化铝实际上是以 Al_2Cl_6 的结构存在，铝原子和铝原子间存在配位键，形成分子晶体，在熔融状态，不会电离，不具有导电性。因此，只能用氧化铝电解，但氧化铝熔点高，电解能耗大。1973 年美国铝业公司（Aluminium Company of America）的阿尔阔（Alcoa）分公司创造了一种新的氯化铝电解制铝法。在难以导电的氯化铝中加入某些物质组成纯氯化物的电解质体系，如 NaCl-KCl-AlCl$_3$ 系、NaCl-KCl-LiCl-AlCl$_3$ 系，以及氟化物 NaCl-CaCl$_2$-CaF$_2$-AlCl$_3$ 混合体系等，可以增强熔融电解液的导电性，在双极性电极多室电解槽可以电解制得金属铝。

随着电解冶炼金属技术的发展，许多金属都可以运用电解方法还原或精炼。如，过去用火法炼锌，现在有 75％的锌和镉是采用焙烧-浸取-水溶液电解法来制造的。

5.2 "工业味精"——稀土金属的冶炼和应用

5.2.1 认识稀土元素

稀土元素由 17 种元素组成。包括元素周期表第三副族中的钪（Sc）、钇（Y）和镧系的 15 种元素。从 1794 年发现第一个稀土元素钇，到 1972 年发现自然界的稀土元素钷，历经 178 年，才在自然界中找到全部 17 种稀土元素。稀土元素才被发现时，人们认为它们很稀贵，其氧化物难溶于水，如土一般，故称为稀土元素。实际上稀土元素在地壳中的质量百分含量（克拉克值）比铜、铅、锌、银等常见金属元素还要高，在地壳中的丰度相当高（钷除外），如铈在地壳元素丰度排名第 25，与铜接近。然而，稀土元素在地壳中很少富集到经济上可以开采的程度。稀土元素性质也不像土，而是一组性质十分活泼的金属元素。

17 种稀土元素通常分为两组：轻稀土（包括镧、铈、镨、钕、钷、钐、铕）；重稀土（包括钆、铽、镝、钬、铒、铥、镱、镥、钪、钇）。稀土元素的原子结构、晶体结构、化学性质相近，经常共生在同一个矿物中，有些以铈族稀土元素为主，有些以钇族稀土元素为主。自然界中已经发现的稀土矿物有 250 种以上，主要成分以硅酸盐及氧化物、氟碳酸盐、磷酸盐为主，其中适合现今选冶条件的仅有十余种。独居石、铈硅石、铈铝石、氟碳铈镧矿等都是重要的稀土元素矿物。

稀土金属元素的活泼性仅次于碱金属和碱土金属元素，易和氧、硫、铅等元素化合生成熔点高的化合物。随着科学技术的发展，人们发现稀土元素及其化合物，具有各种宝贵的特殊性能，可作为高新技术工业的重要原料，作为添加剂添加到其他金属或者陶瓷材料中，能赋予材料许多特性，被誉为"工业味精"、"新材料之母"。稀土元素及其化合物还广泛应用于尖端科技领域和军工领域，是飞机引擎的电气系统、导弹控制系统、电子干扰系统、水雷探测系统、导弹防御系统以及人造卫星动力和通讯系统所绝不可少的原料，成为重要的战略资源。

5.2.2　稀土金属的冶炼

稀土金属工业和稀土金属应用是从 20 世纪 60 年代开始伴随着世界性的新技术潮流而迅猛崛起的一项新兴产业。现在，由于工业提纯和冶炼技术的发展，除元素钷以外，高纯的稀土氧化物和稀土金属都能被制取出来。

稀土矿石中稀土化合物的含量只有百分之几，甚至更低。在冶炼前要选矿，利用组成矿石的各种矿物之间的物理化学性质的差异，把矿石磨碎、分级后，采用浮选法，辅以重选、磁选组成多种组合的选矿工艺流程，将稀土矿物与脉石矿物和其他有用矿物分开，提高稀土氧化物的含量，得到能满足稀土冶金要求的稀土精矿。稀土精矿中的稀土，一般是难溶于水的碳酸盐、氟化物、磷酸盐、氧化物或硅酸盐，必须通过酸（盐酸、硫酸、氢氟酸）分解、碱分解（氢氧化钠分解、熔融或苏打焙烧）或氯化分解等化学变化将稀土转化为溶于水或无机酸的化合物，经过溶解、分解分离、净化、浓缩或灼烧等工序，制成各种混合稀土化合物或单一稀土化合物，作为冶炼原料。使用稀土精矿将稀土化合物还原成金属的过程，和其他金属冶炼的原理类似。自 1826 年最先制得金属铈以来，现已能生产全部稀土金属，产品纯度达到 99.9%。常用的冶炼稀土金属及其合金的方法有火法冶金（包括硅热还原法、金属热还原法、盐熔电解法）和湿法冶金方式。

火法冶金制得的稀土金属产品含稀土 95%～99%。冶炼得到的是工业纯稀土金属，主要用作钢铁、有色金属及其合金的添加剂；也用作生产稀土永磁材料、储氢材料等功能材料的原料。要制得较高纯度的稀土金属还可用真空熔融、真空蒸馏或升华，以及电迁移和区域熔炼等方法提纯。湿法冶金是化工冶金方式，全流程大多处于溶液、溶剂之中，稀土精矿的分解、稀土氧化物、稀土化合物、单一稀土金属的分离和提取过程都是采用沉淀、结晶、氧化还原、溶剂萃取、离子交换等化学分离方法。现应用较多的是有机溶剂萃取法，它是工业分离高纯单一稀土元素的通用工艺。这种方法流程复杂，产品纯度高，生产成品应用面广阔。

5.2.3　稀土金属及其化合物的应用

稀土的应用随着科技的发展而发展。19 世纪末应用稀土化合物制造汽灯纱罩、打火石和弧光灯碳棒，现在稀土已广泛应用于电子、石油化工、冶金、机械、能源、轻工、环境保护、农业等领域。

稀土元素原子具有未充满的 4f 电子层结构，有多种多样的电子能级。因此，稀土可以作为优良的荧光、激光和电光源材料以及彩色玻璃、陶瓷的釉料。稀土元素离子与羟基、偶氮基或磺酸基等形成的化合物，广泛用于印染行业。稀土可用于生产荧光材料、稀土金属氢化物电池材料、电光源材料、永磁材料、储氢材料、催化材料、精密陶瓷材料、激光材料、超导材料、磁致伸缩材料、磁致冷材料、磁光存储材料、光导纤维材料等。彩电荧光屏、三基色节能灯、绿色高能充电电池、汽车尾气净化催化剂、电脑驱动器、核磁共振成像仪、固体激光器、光纤通讯和磁悬浮列车的制造都要用到稀土金属。

稀土元素的金属原子半径比铁的原子半径大，很容易填补在铁晶粒及缺陷中，并生成能阻碍晶粒继续生长的膜，从而使晶粒细化而提高钢的性能。在钢水中加入稀土，可以起到净化钢的效果。

某些稀土元素具有中子俘获截面积大的特性，钐、铕、钇的热中子吸收截面比广泛用于核反应堆控制材料的镉、硼还大。钐、铕、钆、镝和铒，可用作原子能反应堆的控制材料和减速剂。而铈、钇的中子俘获截面积小，则可作为反应堆燃料的稀释剂。

稀土具有类似微量元素的性质，可以促进农作物的种子萌发，促进根系生长，促进植物的光合作用。

5.2.4　我国的稀土金属工业

我国稀土金属储量和产量均居世界首位，在 19 个省市自治区都发现有稀土矿藏，而且矿物品种齐全。例如，内蒙古白云鄂博有巨大的铁矿山和世界最大的稀土矿山，稀土储量几乎占世界总储量的一半（以轻稀土为主）。我国丰富的稀土资源为发展中国稀土工业提供了坚实的基础。但是，直到 20 世纪 70 年代，我国还只能向国外廉价出口稀土原料，然后高价进口高纯度稀土产品。稀土分离工艺、生产技术一直被国外少数厂商垄断，成为高度机密。

1972 年，徐光宪院士所在的北京大学化学系接受了一项特别的紧急军工任务——分离稀土元素中性质最为相近的镨和钕，纯度要求很高。52 岁的徐光宪自 1951 年回国后，第三次因为国家需要改变自己的研究方向，接下了这个任务，踏入稀土研究领域。研究量子化学出身的他，回国后先转向配位化学研究，再到研究放射化学，现在又转向稀土化学的研究。"半路出家"的徐光宪院士，在稀土化学的研究上挑战萃取法分离稀土的国际难题，发现了"恒定混合萃取比规律"，使串级萃取理论最终得以建立，并把它应用于大规模工业生产。他和他的团队先后提取了包含100多个公式的数学模型，创建了"稀土萃取分离工艺一步放大"技术，使原本繁杂的稀土生产工艺"傻瓜化"，打破了法国、美国和日本在国际稀土市场的垄断地位，中国实现了由稀土资源大国向稀土生产大国、出口大国的飞跃，成功改写了国际稀土产业的格局。从那以后，我国已经成为全球最大的稀土资源生产、应用和出口国，占据着国际市场87%左右的份额。

5.3 合金

在冶金技术发展过程中，人们发现，把两种或两种以上的金属（或金属与非金属）通过合金化工艺（熔炼、机械合金化、烧结、气相沉积等）熔合，能形成具有金属特性的金属材料——合金，可以提高金属材料的性能。

5.3.1 金属的结构特点

给定的一种合金、陶瓷和高分子材料，宏观上看是一个均匀的整体，从微观结构上，其中有不同的组成部分，各部分具有不同的结构特征。每个具有同一化学成分，原子的聚集状态、性质均匀的部分，形成一个连续体。这些具有一定结构特征的部分，称为给定物质中的一个相，不同相之间存在一个界面。各种固体材料中的相，依据结构特征的差异，有固溶体、化合物、陶瓷晶体相、玻璃相及分子相等五类。

金属或合金中的一个相或多个相组成的具有一定形态的聚合物，称为金属或合金的组织。纯金属的组织是由一个相组成的，合金的组织可以由一个相或多个相组成。如金银合金只由一个均匀的相组成；多数合金中存在不同的"合金相"。固态金属与合金多为晶体，组成晶体的原子、离子、分子等质点的排列是规则的。晶体中的实际质点——原子、离子或者分子的具体排列情况就是人们所说的晶体微观结构。

金属或合金的晶格结构，在不同条件下会发生改变。例如，纯铁液体冷却到 1538℃ 时，结晶为体心立方晶格（称为 δ-Fe），继续冷却至 1394℃ 转变为面心立方晶格（称为 γ-Fe），到 912℃ 时又转变为体心立方晶格（称为 α-Fe）。金属与金属（或非金属）熔合、凝固成合金，得到的金属材料不仅组成元素改变了，还由于熔合、冷凝过程发生了吸热或放热的反应，合金的内部结构、晶体中原子排列、晶格结构发生了改变。

液态合金凝固时，一种元素原子作为溶质原子完全溶解于另一种金属中，形成的合金相称为固熔体（包括低固熔体）。固熔体的成分可以在一定范围内连续变化，固熔体中存在金属键。如钢铁中的碳原子可以熔入 α-Fe 或 γ-Fe，形成不同的固熔体（分别称为铁素体、奥氏体）。绝大多数合金是固熔体，或者是以固溶体为基体，其中分布一定的金属化合物。形成连续固溶体的合金不多，多数合金固熔体中分布着金属间化合物。合金组织中的金属间化合物含有离子键、共价键、金属键，有金属的特性。如钢铁的固熔体中分布有组成为 FeC_3 的相（称为渗碳体）。金属间化合物是许多工业合金中重要的组成相，它能提高合金的强度、硬度、抗磨性、耐热性，但会降低合金的塑性和韧性。

合金的组织用肉眼和显微镜可观察到，晶体中原子的排列方式则要用 X 射线和中子散射来探测。X 射线是一种波长恰好在原子尺度的电磁波（波长介于 0.001～10nm 之间），具有非常强的穿透力。当它以特定的角度射入到晶体材料中时，就会被排列规则的原子层反射。当原子层间距与入射波长满足一定的条件时，才会产生出射波。因此，通过对不同入射角度或出射角度下的 X 射线进行探测，就可得到材料内各种可能的原子层间距，从而依此进一步推算出原子的排列方式。中子是电中性的，中子流照射晶体，能被原子核反射，因此能够非常精细地确定原子的位置。X 射线和中子的散射还可用以研究材料内部原子或电子的动力学性质。例如，原子的热振动、电子的运动方式、电子和原子核之间的相互作用、电子和电子间的相互作用过程等一系列的问题。这些动力学过程就是材料宏观上的热、电、磁等性质在微观下的表现形式。

合金的性能不仅决定于合金的组成元素，合金的组织和晶体结构也是合金物理、化学性能的基本决定因素之一。合金相的结构、性质、相对含量以及各相的形状和晶粒大小对合金的性能起着决定性的作用。

对合金组织和晶体结构的研究，可帮助和促使我们理解材料的性质，指导我们寻找更加实用的材料。

5.3.2 铁合金

铁在地壳中的丰度约为 5%，仅次于氧（49%）、硅（26%）和铝（7%），而在地心中含量可能达 90%，其资源十分丰富。相对铝来说，铁化学活泼性适中，铁矿开采和钢铁的冶炼更为方便，生产成本和销售价格也相对低廉。钢铁材料具有优良的性能，特别是力学性能，可以充分满足人类生产和生活对材料的性能需求。因此，自从三千多年前人类开始进入铁器时代以来，钢铁材料在人类的生产和生活中一直扮演着重要角色。钢铁是工程技术中最重要、用量最大的金属材料。

在生产生活中使用的铁，绝大多数是铁合金。铸铁、钢铁都是铁和碳的合金。钢铁是铁与碳、硅、锰、磷、硫以及少量的其他元素所组成的合金，通常称为铁碳合金。从铁矿石冶炼铁，高温下碳和磷、硫等杂质熔入铁，形成液态的铁合金。含碳量不等的液态铁在不同温度下凝固形成具有不同相结构和组织的固态铁合金。所形成的固态铁合金在不同温度下，相组成和组织还会发生变化。图 5-3 是铁合金的相图，从图中可以了解铁合金在不同温度下的相组成、含碳量与碳的存在状态。

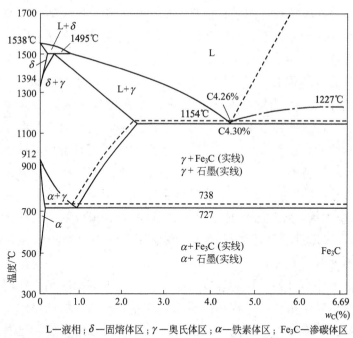

L—液相；δ—固熔体区；γ—奥氏体区；α—铁素体区；Fe₃C—渗碳体区

图 5-3　铁合金的相图

一般按铁碳合金的组成成分及比例对钢铁进行分类。比如，按含碳量不同，铁碳合金分为钢、生铁、熟铁。钢又有碳钢、合金钢（又叫特种钢）之分。

铁合金中碳的含量不同，性能有很大差异。生铁含碳量大于 2%，钢的含碳量为 0.03%～2%。不同的钢中含碳量也有差别。中碳钢的塑性比较适中，低碳钢可锻性比高碳钢好。含碳量越低，钢的焊接性能越好，低碳钢比高碳钢更容易焊接。

为什么铁碳合金中碳的含量会影响它的性能呢？因为钢铁的晶相组织是由不同的相均匀地混合在一起构成的，铁合金的相组成和结构是决定以及调控其性能的要素，含碳量不同的铁合金内部的相组成和相结构上有较大的差异，性能也就不相同。

铁合金中的相有固熔体、铁碳化合物 Fe_3C，生铁中还含有石墨相。上文介绍过铁合金中的铁，在不同温度可形成三种类型不同的晶格（α-Fe、γ-Fe、δ-Fe）。晶格中的孔隙特点不同，熔合碳的能力也不同。因此，铁合金在不同温度下可以形成不同的固溶体。碳溶解于 α-Fe 和 δ-Fe 中形成具有体心立方晶格的铁素体。铁素体含碳量非常低，性能与纯铁相似，硬度低、塑性高，并有铁磁性。碳溶解于 γ-Fe 中形成具有面心立方晶体结构的奥氏体。奥氏体可以溶解较多的碳，显微组织呈层片状。奥氏体的硬度较低，塑性高、具有一定韧性，不具有铁磁性。奥氏体是在高温下形成的，所以对钢铁材料进行热变形加工，通常都加热到高温，要"趁热打铁"。铁合金中含有的铁与碳的金属化合物 Fe_3C，称为渗碳体。渗碳体的含碳量为 6.69%，熔点为 1227℃，晶格为复杂的正交晶格，硬度很高，脆性很大，塑性、韧性几乎为零。在铁碳合金中有不同形态的渗碳体，它的数量、形态与分布对铁碳合金的性能有直接影响。生铁中含有渗碳体相与石墨相。铁水急冷生成白口铸铁，质地坚硬无法进行机加工，多用作练钢的原料。如果在保温条件下铁水缓慢地凝固时，铁水中的渗碳体会完全分解，形成铁素体相和石墨相（石墨相多呈片状，经过添加稀土可使之呈球状），形成灰口铸铁（即我们常见的铸铁），可以进行浇铸和机加工。常温下，钢内部结构只含有铁素体和渗碳体（不含有石墨相）。

在一定条件下（如一定的温度、压力，以及电场和磁场的作用）钢铁和其他合金都会发生相变，结构和性能随之改变。例如，钢加热到一定温度后经迅速冷却，硬度会大大提高。我国战国时代，就已经会应用这种变化，用淬火的方法（把钢加热到高温，迅速淬入水或油中急冷）制得削铁如泥的钢刀。这是由于在淬火过程中，钢铁加热到一定温度后，形成奥氏体，冷却时，奥氏体发生结构（相）变化（为纪念德国冶金学家马滕斯，称为马氏体相变），形成与母体不同的新晶相组织（马氏体），硬度增大。如果将经过铸造、锻轧、焊接或切削加工的铁合金再缓慢加热到一定温度，并保持足够时间后，再以适宜速度冷却（缓慢冷却或控制冷却），即进行所谓的退火处理，化学成分会趋于均匀化，铁合金会软化，塑性和韧性得到改善。钢铁通过淬火，并配合以不同温度的回火，可以大幅提高钢的强度、硬度、耐磨性、疲劳强度以及韧性等。

合金钢是在碳钢中加入比例极小的一种或多种合金元素，可以使钢的组织结构和性能发生变化，从而具有一些特殊性能。加入钢中的合金元素有 Si、W、Mn、Cr、Ni、Mo、V、Ti 等。在钢中加入的合金元素可以对钢性能产生很大影响。普通钢、优质钢和高级优质钢的差别就是在这些比例极小的成分影响下形成的。比如，加入铬不仅能能提高金属的耐腐蚀性和抗氧化性，也能提高钢的淬透性，显著提高钢的强度、硬度和耐磨性；加入锰可提高钢的强度，提高对低温冲击的韧性；加入稀土元素可提高强度，改善塑性、低温脆性、耐腐蚀性及焊接性能。

5.3.3 其他常见重要合金

除铁合金外，还有许多种常见的合金。

(1) 铜合金 工业中广泛使用的铜合金有黄铜、青铜和白铜等。金属铜（因呈紫红色，被称为紫铜，但不是合金）有极好的导热、导电性，导电性仅次于银，居第二位。铜具有优良的化学稳定性和耐蚀性能。铜合金大都保持了这些优良性能。黄铜中 Cu 占 60%～90%、Zn 占 10%～40%，有优良的导热性和耐腐蚀性，可用作各种仪器零件。在黄铜中加入少量 Sn，称为海军黄铜，具有很好的抗海水腐蚀的能力。在黄铜中加入少量的有润滑作用的 Pb，可用作滑动轴承材料。青铜是人类使用历史最久的金属材料，青铜中加入 Sn，提高了铜的强度，改善塑性，增强了抗腐蚀性，因此常用于制造齿轮等耐磨零部件和耐蚀配件及用于塑像铸造。由于 Sn 价格高，常用 Al、Si、Mn 代替，制得一系列青铜合金。常用作弹簧材料的铍（Be）青铜是强度最高的铜合金，它无磁性又有优异的抗腐蚀性能。白铜是 Cu-Ni 合金，有优异的耐蚀性和高电阻，故可用作苛刻腐蚀条件下工作的零部件和电阻器的材料。

(2) 铝合金 通常使用铜、锌、锰、硅、镁等合金元素，20 世纪初由德国人 Alfred Wilm 发明。铝合金质轻、耐蚀、比强度高，跟普通的碳钢相比更轻、更耐腐蚀（抗腐蚀性不如纯铝）。它是应用最广的有色金属结构材料，在航空、航天、汽车、机械制造、船舶及化学工业中已大量应用（图 5-4）。

图 5-4　铝合金制品

铝中加入 Mn、Mg 形成的 Al-Mn、Al-Mg 合金保持了金属铝密度小的特点，大大增强了材料的强度，具有很好的耐蚀性，良好的塑性，用于制造油箱、容器、管道、铆钉等。铝合金中的硬铝、高强度硬铝强度高、密度小，高强度铝合金广泛应用于制造飞机、舰艇和载重汽车等，可增加它们的载重量以及提高运行速度，并具有抗海水侵蚀、避磁性等特点。

向金属铝添加锂，即形成铝锂合金。它具有高的比强度、比刚度，相对密度小。铝中每添加 1% 的锂，合金的密度就下降约 3%，而弹性模量则会上升约 6%。而且铝锂合金的生产成本约是复合材料（碳纤维增强塑料）的 10%，这使它成为碳纤维增强塑料的强有力的竞争产品。据波音飞机公司测试，采用铝锂合金制造波音飞机，其重量可以减轻 14.6%，燃料节省 5.4%，飞机制造成本可减少 2.1%，每架飞机每年的飞行费用可降低 2.2%，一架大型客机可减轻重量 50kg。以波音 747 为例，每减轻 1kg，一年可获利 2000 美元。

铝锂合金的研究和开发至今已有 80 多年历史，其发展大致可分为三个阶段，相应出现的铝锂合金产品也划分为三代。第三代铝锂合金，锂元素虽然只占铝合金重量的 2% 左右，但在同等承载条件下，比常规铝合金减轻重量 5% 以上。它具有低密度、高弹性模量、高比强度和高比模量的优点，同时还兼具低疲劳裂纹扩展速率、较好的高温及低温性能等特点，可用以制作飞机零件和承受载重的高级运动器材。当今，铝锂合金被认为是航空航天最理想的结构材料，第三代铝锂合金已被运用到大飞机建造中。

(3) 钛合金　钛是过渡金属，在 18 世纪末才被发现（1791 年、1795 年两位学者分别发现钛、钛的氧化物），1825 年才制得。钛外观似钢，熔点高，是难熔金属，钛耐高温、也耐低温，耐酸、碱等腐蚀性溶液。钛易钝化，在含氧环境中，钝化膜受到破坏后还能自行愈合。钛密度小，是轻金属。纯钛机械性能强，可塑性好，易于加工，其强度是不锈钢的 3.5 倍，铝合金的 1.3 倍，是目前所有工业金属材料中最高的，享有"未来金属"的美称。液态钛几乎能溶解所有的金属，形成固溶体或金属化合物型的合金。

钢中加入钛，就形成了钛合金（图 5-5）。钛合金是近几十年发展很快的新型轻金属材料，这使钛继铁、铝后逐渐成为人类使用量越来越大的第三大金属。钛合金是当今高新技术必不可少的结构材料。航空、航天、火箭、导弹、人造卫星等飞行速度快，要经历高温、超低温剧烈变化的工作条件，钛合金是最好的制作材料。在腐蚀性环境下使用的化工设备的制造，也要使用钛合金。钛和人体组织相容性好，密度和人骨相近，用钛人造骨骼代替受伤损坏的骨骼，排斥反应小。钛的氧化物很难还原，冶炼困难。钛的冶炼和应用研究，还需要化学家们的努力。

图 5-5　钛合金器材

（4）铼合金　铼（Re）是一种稀有金属元素，位于元素周期表第六周期、第七副族，属于过渡元素。1872 年化学家门捷列夫根据元素周期律预言，在自然界中存在一个尚未发现的原子量为 190 的"类锰"元素，就是后来发现的金属元素铼。1925 年德国化学家诺达克用光谱法在铌锰铁矿中发现了这个元素，以莱茵河的名称 Rhein 命名为 Rhenium。以后，诺达克又发现铼主要存在于辉钼矿，并从中提取了金属铼。铼有两种天然同位素：^{185}Re 稳定，^{187}Re 有放射性。它在地壳中的含量比稀土元素还要小（含量约为 1×10^{-9}，仅仅大于镁和镭）。铼在地壳中分散在辉钼矿、稀土矿和铌钽矿中，含量都很低。也因此，它成为存在于自然界中被人们发现的最后一个元素。

金属铼是一种稀有难熔金属，外观与铂相同。纯铼质软，有良好的机械性能。它的密度为 21.04g/cm³，熔点为 3180℃，沸点为 5627℃。不与 H_2、

N_2 作用，但可吸收 H_2。不仅具有良好的塑性、机械性和抗蠕变性能，还具有良好的耐磨损、抗腐蚀性能，对除氧气之外的大部分可燃气体能保持比较好的化学惰性。1950 年后，铼及其合金在现代技术中开始应用，随着生产和科技的发展，铼及其合金的应用变得十分广泛而且极具重要性。作为合金添加元素，铼能够大幅度改善、提高合金的性能。铼能与钨、钼、铂、镍、钛、铁、铜等多种金属形成一系列合金，其中铼钨、铼钼、铼镍系高温合金是铼的最重要的合金，被广泛应用于航空航天、电子工业、石油化工等领域。美国地质调查局 2013 年发布的数据显示，高温合金为铼最大的消费领域，约占铼总消费量的 80%，催化剂为铼的第二大消费领域。

铼能够提高镍高温合金的蠕变强度，这类合金可用于制造喷气发动机的燃烧室、涡轮叶片及排气喷嘴等（图 5-6）。铼镍合金是现代喷气引擎叶片、涡轮盘等重要结构件的核心材料，它能使涡轮（尤其是高压涡轮）在更高温度下工作，设计者能加大涡轮压力，进而提高作业效率；铼镍合金用于发动机制造可以加快燃料燃烧的速度，进而产生更大的推力，可以把作业温度维持在较低水平，扩大实际作业温度和涡轮机最高允许温度的差值，这样就能延长使用寿命。

图 5-6　铼合金是喷气发动机的主要材料

铼与钨、钼或铂族金属所组成的合金或涂层材料，因熔点高、电阻大、磁性强、稳定性好而被广泛应用于电子、航天工业。铼能够同时提高钨、钼、铬的强度和塑性，人们把这种现象称为"铼效应"。如添加少量（3%～5%）的铼能够使钨的再结晶起始温度升高 300～500℃。钨铼合金和钼铼合金具有良好的高温强度和塑性，可加工成板、片、线、丝、棒，用于航天、航空的高温结构件（喷口、喷管、防热屏等）、弹性元件及电子元件等。钼铼合金常用于制造高速旋转的 X 光管靶材、微波通讯的长寿命栅板、空间反应堆堆芯加热管、高温炉发热体和高温热电偶等。钨铼合金则被广泛应用到高温技术、电真空工业、灯泡制造工业、原子能工业、分析技术、医疗和化工等领域，常用于制造特种电子管和彩色显像管的灯丝、高温部件、热电偶等。

铼及其化合物具有优异的催化活性（铼对很多化学反应具有高度选择性的催化功能），因而常被用作石油化工等领域的催化剂。催化重整是石油炼制过程之一，是提高汽油质量和生产石油化工原料的重要手段。铼铂合金作为催化重整过程中的一种催化剂，能够提高重整反应的深度，增加汽油、芳烃和氢气等的产率。此外，铼还可用作汽车尾气净化的催化剂，而铼的硫化物则可用作甲酚、木质素等的氢化催化剂。

铼在军事战略上有重要意义，但在我国资源贫乏，一直处于供不应求状态，其价格与白金相当。美国是最大的铼金属消费国，控制着全球销售市场，一直处于垄断地位。我国在 20 世纪 60 年代开始从钼精矿焙烧烟尘中提取铼。2010 年，在我国陕西省洛南县黄龙铺钼矿区矿山中发现超级金属铼，储量达到 176t，约占全球储量的 7%。

(5) 有特殊性能的新型合金　随着科技的发展进步，对金属和合金的性能提出了许多特殊要求。化学科学和化工技术工作者顺应这些要求，通过研究又开发出各种具有特殊性能的新型合金。例如下列合金在生产和高科技领域都有重要的应用价值。

① 具有抵抗介质侵蚀能力的耐蚀合金　耐蚀合金中一般含有热力学稳定性高（标准电极电势高）的金属（如 Pt、Au、Ag、Cu 等）、易于钝化（能在氧化性介质中形成具有保护作用的致密氧化膜）的金属（如 Ti、Zr、Ta、Cr 和 Al 等）、表面能生成难溶的和保护性能良好的腐蚀产物膜的金属（如 Pb 和 Al 在硫酸溶液中、Fe 在磷酸溶液中、Zn 在大气中都具有这种特性）。实验证明，在不锈钢中，含 Cr 量一般应大于 13% 时才能起抗蚀作用，Cr 含量越高，其耐蚀性越好。钢中添加 Cu 与 P 或 P 与 Cr，在大气中，能促使表面形成结构致密的羟基氧化铁，能耐大气腐蚀。金属腐蚀是工业上危害最大的自发过程，因此耐蚀合金的开发与应用，有重大的社会意义和经济价值。

② 在高温下可以正常使用的耐热合金　随着温度升高，金属材料的机械性能显著下降，氧化腐蚀的趋势相应增大。一般金属材料只能在 500～600℃下长期工作，耐热合金在高于 700℃ 的高温下可以正常使用。在钢中

加入 Cr、Si、Al 等合金元素，可以增加钢中原子间在高温下的结合力；在钢中加入能形成各种碳化物或金属间化合物的元素（如一些过渡元素），它们能和碳原子生成碳化物，增加了共价键的成分，使金属硬度增加、熔点升高，从而增加了钢铁的高温强度；在钢的表面进行 Cr、Si、Al 合金化处理，使金属在氧化性气氛中很快生成一层能牢固地附在钢表面上的致密的氧化膜，从而有效地阻止氧化的继续进行；还可以用各种方法在钢铁表面形成高熔点的氧化物、碳化物、氮化物等耐高温涂层。

③ 储氢合金　它具有大量可逆吸收、释放氢气的性质。它由两种特定金属构成，其中一种可以大量吸氢，形成稳定的氢化物，而另一种金属与氢的亲和力小，氢很容易在其中移动。两者的合理配制，可以制得在室温下能可逆吸、放氢气的比较理想的储氢材料。$LaNi_5$ 合金（图 5-7）就是其中一种，它吸收氢气后形成氢化物 $LaNi_5H_6$。

图 5-7　储氢合金

$$LaNi_5 + 3H_2 \rightleftharpoons LaNi_5H_6 \quad \Delta H = -31.77 kJ/mol$$

其中氢的密度与液态氢相当，约为游离氢气的 1000 倍。1kg $LaNi_5$ 合金在室温和 250kPa 压力下可储 15g 以上的氢气。

④ 形状记忆合金　1932 年瑞典人奥兰德首次在金铬合金中观察到，合金形状改变后，再加热到一定的温度，可魔术般地恢复到原来形状。1963年，美国海军军械研究所发现，在高于室温的某一温度范围内，把一种镍-钛合金丝绕成弹簧，然后在冷水中把它拉直成正方形、三角形，再放在40℃以上的热水中，又恢复成原来的弹簧形状。1970 年，美国将钛镍合金丝材料制成宇宙飞船天线。后来人们陆续发现 Ag-Cd、Cu-Cd、Cu-Al-Ni、Cu-Al-Zn 等合金，也有类似的功能。这类合金被称为形状记忆合金（图5-8）。它具有很高的弹性、高的强度，在较低温度下受力发生塑性变形后，

经过加热，可恢复到受热前的形状。1971 年，美国科学家用刚刚发现不久的形状记忆合金丝制成了抛物线形的宇宙飞船天线，在低温下折叠成一个小球，体积缩小到原来的千分之一，装进了宇宙飞船的登月舱。登月舱在月球上着陆后，利用太阳的辐射对小球加温，小球自然展开恢复原始抛物面形状（图 5-9）。宇航员阿姆斯特朗踏上月球的图像和富于哲理的话声"对我个人来说，这只是迈出的一小步，但对全人类来说，这是跨了一大步"，就是通过这种天线从月球发射传输到地球的。形状记忆合金的形状记忆效应十分奇特，但是和人的大脑的记忆原理完全不同。形状记忆合金的形状记忆效应是一种奇特的热机械行为，来源于这类合金所发生的"热弹性马氏体相变"。

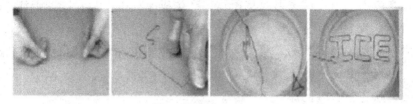

图 5-8　形状记忆合金

图 5-9　用记忆合金制作的宇宙飞船天线

　　什么是"热弹性马氏体相变"？它是怎么产生的？上文已经提到，钢铁在淬火过程中会发生了相变。将钢加热到一定温度后，钢铁中形成奥氏体。冷却时，钢中的奥氏体会发生结构变化，形成与母体不同的新晶相组织，硬度增大，这种组织结构被称为马氏体。为纪念德国冶金学家马滕斯，这种变化相应地称为马氏体相变。马氏体相变时钢铁中的金属原子有规则地保持其相邻原子间的相对关系进行位移，产生了晶格点阵的形变。马氏体保持了母相的化学成分、原子序态和晶体缺陷。具有形状记忆功能的合金，在发生马氏体相变后，温度进一步降低，还会发生组织结构的变化，成为比较柔软、易延展、弯曲的合金。同时，发生的马氏体相变具有可逆性。当合金母体被加热到高温再冷却时，在一定温度下，奥氏体开始转变为马氏体；温度再降低，马氏体继续长大、增多，形成可弯曲的马氏体结构；弯曲定型后，再重新加热时，马氏体又立即收缩，甚至消失，发生逆变，恢复为母相。这种变化被称为"热弹性马氏体相变"。还有一些合金（如 Au-Cd、In-Tl 等合金）受到一定应力，也会诱发形成马氏体，产生应变；应力去除后马氏体立即逆变为母相，应变回复，这现象称为"伪弹性"。具有热弹性和伪弹性的部分合金中发生马氏体相变后，可以改变它的形状，再经过加热，会发生逆变，自动回复母相的原来形状，具有对母相原来形状的记忆效应。图 5-10 简单说明了形状记忆合金的原理。

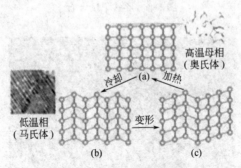

图 5-10　形状记忆合金原理示意图

记忆合金不仅应用于高科技产业，它还可用于制作调节装置的弹性元件、热引擎材料，医疗材料（如消化道、血管、胆道等腔内支架，脊柱矫形棒，牙齿矫正材料）、眼镜框架制造（在框架受压变形后，去除压力可自动恢复原来形状）。

6

无机非金属材料的变身与飞跃

　　远古人类使用的木器、石器和陶器，是随地取材来制造的。木料、石料和陶瓷代表了人类史上的两大类材料——有机材料和无机材料。在材料发展的历史上，以石器为起点，逐步发展、出现了硅酸盐等无机非金属材料、金属（包括合金）、有机高分子材料和复合材料。

　　谈到无机非金属材料，一些人就会想到瓷砖、玻璃、水泥，觉得那是非常古老或非常普通的建筑材料。其实无机非金属材料的家族里，既有古老、普通的陶瓷，也有非常现代、用于高科技领域的材料，如光导纤维、纳米陶瓷。不仅人们的日常生活离不开无机非金属材料，其对航天领域来说也是不可或缺的。

　　无机非金属材料，是多种元素的氧化物、碳化物、氮化物、卤素化合物、硼化物以及硅酸盐、铝酸盐、磷酸盐、硼酸盐等物质组成的材料。这些材料多种多样，化学组成和结构各不相同，各有自己的特性和用途。例如，硅酸盐材料，有传统陶瓷、玻璃、硅酸盐水泥、耐火材料，也有现代通讯技术离不开的光导纤维，航天飞机外壳的耐高温陶瓷瓦。随着科技的发展，无机非金属材料发生了多次质的飞跃，显示了无比的生命力。

6.1　陶瓷的变身和飞跃

　　就"陶瓷"而言，从出现于 8000 多年前的陶器发展到瓷器、从传统陶瓷发展到先进陶瓷（包括功能陶瓷的制造、开发、应用），发生了两次飞跃。目前陶瓷制造和应用又面临着从先进陶瓷到纳米陶瓷的第三次飞跃。从普通硅酸盐玻璃、石英玻璃到特种玻璃、光导纤维,特性和功能都发生了奇异的变化。

6.1.1 传统陶瓷

传统陶瓷是陶器和瓷器的总称。陶器是人类第一个利用火使原始材料(黏土)发生化学作用制作的材料。陶器的制造、使用促成了人类物质文明和精神文明的一次跃进。

烧制陶瓷的原材料包括黏土质的天然塑性原料和少量石英助熔剂、长石等非塑性原料。这些原材料的化学成分主要是氧化硅、氧化铝、氧化钾、氧化钠、氧化钙、氧化镁、氧化铁、氧化钛等。用这些原材料制成一定形状和尺寸的坯再用火在窑里烧制,坯中原料成分在高温下烧结形成成品。陶瓷硬度高、抗压强度非常高,抗拉强度很低,塑性极差,韧性差,脆性大。陶瓷导热性差,是良好的绝热材料。温度急剧变化容易被破坏。这些特性和陶瓷的组成、结构有关。

固态物质有晶体、非晶体之别:金刚石、食盐、冰是常见的晶体,晶体中的原子(或离子或分子)具有一定的空间结构(形成晶格),晶体具有一定的几何外形、固定的熔点;玻璃、石蜡、许多高聚物(如塑料)都是非晶体,非晶体中构成物质的原子(或分子)不存在结构上的长程有序或平移对称性,没有固定几何外形和固定熔点,具有各向同性的特点,随着温度的升高非晶体逐渐变软,最后熔化。

处于熔融状态的物质凝固时,有两种情况:若熔体可在凝固温度点附近形成晶核,长大成为晶体,在这种情况下,从熔融态到固态的变化过程中,系统的某些热力学参数(如体积和焓等)会在熔点温度发生突变,形成晶相结构;若熔体冷却速度足够快,则难以形成晶核,到了熔点以下也仍然保持高温时的状态,进入过冷状态,体积和焓发生连续变化,在一个温度区间发生由液体到固体的转变,在此温度范围内,黏度随温度发生连续剧烈变化,形成保有玻璃特性的固体物质(称为玻璃态)。

陶瓷结构中既有晶体结构,也有玻璃态的结构,还有微小的气孔存在。因此,陶瓷是晶相、玻璃相、气相三相共存的固体。陶瓷中晶相是主体,玻璃相在陶瓷中起黏结晶粒、填充空隙、提高致密度、降低烧成温度、促进烧结的作用,但影响陶瓷的机械强度、介电性能和耐热性。陶瓷中存在的气相,降低了陶瓷的强度,使其易形成裂纹。

历史上，陶器出现先于瓷器。陶器与瓷器所使用的原料和烧成温度不同，因而成品的结构和性能不同。陶器可以使用包括瓷土在内的各种矿物黏土来制作，烧成温度较低（大多在 700～1000℃ 间）。烧制后，坯胎基本烧结，但没有瓷化（极少形成玻璃相莫来石结晶体）。成品遇水不会分解，但气孔率和吸水率较高，敲击声比较沉闷。多数陶器没有上釉（有些陶器如汉代琉璃釉、唐三彩有釉）。瓷器使用的原料是氧化铝含量较高的瓷土（高岭土，主要成分是含水硅酸铝 $Al_2O_3 \cdot 2SiO_2 \cdot 2H_2O$），它有晶状薄层结构，层间附着力微弱，可滑动，加水混合，具有可塑性。烧制瓷器时，水脱出，结构发生变化。在 1100～1300℃ 间烧成，坯胎基本上完全瓷化，形成大量莫来石结晶体，气孔率和吸水率较低。冷却后即形成坚固而紧密的结构（原子间形成的化学键的键长小于 1nm），耐高温，硬度大，敲击发出清脆的响声。多数瓷器都上釉（白瓷素胎器没有上釉）。

陶瓷产品的制作有五个阶段：原料备制、成型、上釉、装饰、烧成。陶器或瓷器的原材料混合磨细成粉后，加水形成有可塑性的陶泥或瓷泥。微干后撂成柱状（以便于储存和拉坯），经拉坯或用印模将坯雕塑成型，再经过修坯（将印好的坯修刮整齐、匀称）、捺水（用清水洗去坯上的尘土）、画坯、上釉等工序，最后送入炉窑用火烧制。图 6-1 为陶器制作的拉胚成型工艺。用黏土制成的坯，在较低的温度（700℃ 左右）烧制，成为陶器。用瓷土成型的胚，在更高的温度（1300℃ 左右）发生瓷化，成为瓷器。上釉工序使用的釉是以石英、长石、硼砂、黏土等为原料，磨成粉末，加水调制而成的。釉涂在陶瓷半成品的表面，再经一次烧制后，会发出玻璃光泽并能增加陶瓷的机械强度和绝缘性能。

图 6-1　陶器制作的拉坯成型工艺

陶瓷的坯胎在烧制过程，陶泥、瓷泥中的各种化学成分发生了复杂的物理变化和化学变化。在 250～900℃ 时发生还原作用，如瓷胎中的 Fe_2O_3 还原成 FeO。在 500～1300℃ 时发生分解、氧化反应，包括碳酸盐的分解，黏土中夹杂的硫化物、碳化物及有机物的氧化，排出生成的 CO_2 等气体。增加黏土中的硅石（SiO_2）含量可以大大地提高陶土的耐火度，烧成温度可以达到 1300℃。烧制瓷器时，在 1020~1150℃还发生强还原作用，坯体内的 Fe_2O_3 及硫酸盐充分地还原、分解，温度达到 1100℃以上能完全瓷化。

陶瓷产品的质量受多种因素的影响。原料成分、坯和釉的配方、坯胎制作过程的水分控制、手工造型的操作技巧、装窑操作技术，烧制的温度与时间控制、窑内温度、气流分布的均匀程度、烧制操作技术等都是影响因素。若控制不好这些因素，制品会出现各种缺陷。在相应的分析、检验技术、设备出现前，全靠熟练的工匠凭经验处理，产生缺陷的几率大。

陶瓷工艺发展过程中，彩陶的出现、彩釉的发明使陶瓷的色彩、装饰图案大大丰富。陶瓷制作使用的釉中加入各种金属或金属氧化物作为着色剂，成为釉彩。瓷土制成坯在窑中烧制成素烧瓷，素烧瓷有很多极小的孔，在素烧瓷上，涂上一层釉（或用釉彩绘上图案），釉料烧熔后覆在素烧瓷上，就形成了有色彩的光洁表面。釉的色料大都是金属氧化物组成的有色晶体，例如 $CoAl_2O_4$（蓝），$3CaO \cdot Cr_2O_3 \cdot 3SiO_2$（绿），$Pb_2Sb_2O_7$（黄）。釉的色料在高温下不会熔解于釉，以颗粒状分散于无色釉料的玻璃相中。着色剂的颗粒尺寸通常比光的波长大得多，靠选择性透射和反射一定波长的波而呈现各种色彩。釉的色彩因其中所含成分不同而不同。其色彩主要是由氧化铁、氧化铜、二氧化锰、氧化铬、氧化钴、氧化镍等氧化物中的金属离子决定。铜可呈现红色、绿色，铁可呈现青色或黑色，钴可呈现蓝色、青色。图 6-2 的茶壶就是青瓷制品。金、银等在釉中形成的胶体颗粒对不同波长的入射光产生散射，呈现不同色泽，可作为陶瓷的着色剂。

图 6-2　青瓷

烧结过程中要控制适当的温度，才能产生最佳的色彩。比如唐三彩（图 6-3）使用的低温铅釉，烧成温度只需 800℃左右；釉下彩的青花、釉里红需要1100℃以上才能达到满意的效果。瓷釉从高温冷却时，某些色料成分处于热力学的不稳定或边界稳态，能自发形成两种或两种以上成分不同的玻璃相，使光发生散射或衍射，也能呈现不同色彩。彩釉中同一种金属氧化物，含量不同，在陶瓷烧制过程中，在不同的温度和炉火的焰性下，分子组成和结构发生的变化不同，可烧出不同的色彩。烧窑时，炉火中氧气含量大，火焰氛围具有氧化性；反之，若炉火中氧气含量不足，火焰氛围具有还原性。在不同的炉火氛围中，金属在化合物中呈现的化合价价态不同，也呈现不同的颜色。如氧化铜在氧化焰中烧成绿色，在还原焰中烧成红色（Cu_2O）。而铁的氧化物，在还原焰中烧成青绿色（FeO），在氧化焰中烧成黄色或酱色（Fe_2O_3）。如果提高氧化铁的含量（＞5％），再配上钴、锰等金属氧化物，可烧成黑色，铁的含量少于0.75％呈白色。一些晶体本身无色，由于掺杂其他物质会呈现色彩，如五氧化二钒进入氧化铝晶格中形成刚玉红。唐代盛行唐三彩，釉色有绿、黄、蓝、白、赭、褐等，实际上是多彩的。它是用白色黏土作坯胎，先入窑经1100℃素烧，取出后再涂上含有铜、铁、钴、锰等元素矿物着色剂的釉，用铅的氧化物作助熔剂，经二次彩烧制成。在烧制时，各种金属氧化物熔融扩散、任意流动，形成斑驳灿烂的多彩釉。

图6-3 唐三彩（马）

不同的釉料配方、陶瓷的烧制温度和烧成技术的纯熟程度都会影响陶瓷的色彩，可烧出不同的色釉品种。这其中的奥妙，取决于釉料配方的调整和烧成技术的纯熟程度。我国古代勤劳智慧的陶工，在实践中准确地掌握了各种釉料的性质，得心应手地调制出各种釉料配方，纯熟自如地驾驭了烧成技术，创造出数十种色彩缤纷的颜色釉。这种精湛的制瓷工艺，至今仍令世人叹为观止。

传统陶瓷强度高、硬度高、抗腐蚀，但易破碎。传统陶瓷不仅仅用于日常生活各种器皿和用具的制造，在工业上也有重要应用。例如，输电线路和电器中使用陶瓷制作绝缘子，陶瓷绝缘子可使用 100 多年，能承受 50 万伏的高电压。

6.1.2　新型陶瓷的研发

进入 21 世纪，科学技术的发展对陶瓷提出了越来越高的要求，陶瓷生产工艺也不断得到改进提高，许多新型陶瓷被研制出来（图 6-4）。例如，汽车工业要求有耐高温、高压的供气缸点火用的火花塞及其他高性能的汽车零件材料；电力工业远距离输电要求有耐几十万伏高压的绝缘性能良好的陶瓷材料；电子工业要求有大功率集成电路用的陶瓷基片以及其他功能元件所需的材料；火箭、导弹、宇宙飞船等空间技术产品要求提供耐极端高温的高强结构材料和各种功能陶瓷。为满足生活、生产和科技发展的需求，化学科学工作者对陶瓷结构进行了显微分析，发现以高纯、超细的人工合成的无机化合物（Si_3N_4、Al_2O_3 等）为原料，采用精密控制的制备工艺进行烧结（或用其他方法进行处理），可以降低陶瓷中玻璃相的含量，制造出几乎不含玻璃相、由许多微小晶粒结合而成的结晶态陶瓷，其性能将会大幅度提高。由此，产生了现代新型陶瓷。

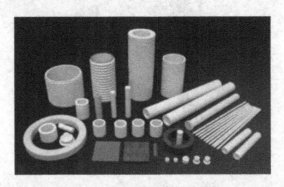

图 6-4　用新型陶瓷制造的器材

例如，氮化硅陶瓷（图 6-5）的原料 Si_3N_4 是以共价键为主的化合物，键强大，键的方向性强，其中共价键 Si—N 的成分为 70%，离子键为 30%，产生结构缺陷所需要的能量大。

氮化硅普遍采用两种方法制备：

图 6-5　氮化硅陶瓷刀具

① 高纯硅与纯氮在 1600K 反应后获得。

$$3Si + 2N_2 \xrightarrow{1600K} Si_3N_4$$

② 用 $SiCl_4$ 和 N_2 在 H_2 气氛保护下反应，生成的产物 Si_3N_4 沉积在石墨基体上，形成致密的 Si_3N_4 层，纯度高。

$$3SiCl_4 + 2N_2 + 6H_2 \longrightarrow Si_3N_4 + 12HCl$$

氮化硅陶瓷硬而韧，有可塑性。氮化硅高强度陶瓷以强度高著称，可用于制造燃气轮机的燃烧器、叶片、涡轮、机械密封件、轴承、火箭喷嘴、炉子管道、切削刀具等。用氮化硅代替金属制造发动机的耐热部件，能大幅度提高工件温度，从而提高热效率，降低燃料消耗，节约能源，减少发动机的体积和重量，而且又代替了如镍、铬、钠等重要金属材料，它的应用被认为是发动机的一场革命。

各种新型陶瓷材料在结构上几乎不会出现缺陷，易脆性也得到了极大的改善，有独特的优越性能。在机械性能方面，耐高温、隔热、硬度高、耐磨耗等；在电学性能方面有绝缘性、压电性、半导体性、磁性等；在化学性能方面有催化、耐腐蚀、吸附等功能；在生物性能方面，具有一定的生物相容性能，可作为生物结构材料等。因此，在各个领域都得到了应用。

新型陶瓷按应用分，有工程结构陶瓷和功能陶瓷两类；按化学成分划分，有纯氧化物陶瓷和非氧化物陶瓷两类。

(1) 工程结构陶瓷和功能陶瓷　工程结构陶瓷主要在高温下使用，也称高温结构陶瓷。这类陶瓷以氧化铝为主要原料，具有在高温下强度高、硬度大、抗氧化、耐腐蚀、耐磨损、耐烧蚀等优点，在空气中可以耐受 1980℃

的高温，是空间技术、军事技术、原子能工业及化工设备等领域中的重要材料。美国航天飞机的耐高温陶瓷瓦，从 1260℃取出，不一会便不烫手，导热性好。集成电路的陶瓷基片，导热性、电绝缘性极好。燃气轮机的金属叶片覆盖陶瓷材料镀层后，可耐 1200℃以上高温，它的陶瓷外壳起保温绝热作用，从而使效率提高到 58%。

功能陶瓷种类繁多，用途各异。根据陶瓷电学性质的差异可制成导电陶瓷、半导体陶瓷、介电陶瓷、绝缘陶瓷等电子材料，用于制作电容器、电阻器等电子工业中的高温高频器件以及变压器等电子零件。一种具有蜂窝状结构的陶瓷材料，涂覆了 Pa、Rh、Pt 等金属催化剂（TiO_2、WO_3、V_2O_5 等混合催化剂），可作成汽车（柴油机）尾气净化装置。利用陶瓷的光学性能可制造固体激光材料、光导纤维、光存储材料及各种陶瓷传感器，科学家们还在努力研制高温陶瓷超导材料。压电陶瓷能将压力转变为电能，哪怕是声波震动产生的微小的压力也能够使它们发生形变，从而使陶瓷表面带电。多晶铁电陶瓷可用于压电陶瓷材料，常见的压电陶瓷材料有钛酸钡、锆钛酸铅。打火器、先进的点火系统、麦克风、报警系统中都使用了压电陶瓷。用压电陶瓷柱代替普通火石制成的气体电子打火机，能够连续打火几万次。透明陶瓷，不但能透过光线，还具有很高的机械强度和硬度，可以用来制造车床上的高速切削刀、喷气发动机的零件和坦克观察窗等，甚至可以代替不锈钢。多孔状的生物医学陶瓷，内部结构松散，由氧化铝和二氧化锆制成，表面有一层 $25\sim30\mu m$ 的羟基磷灰石涂层，可作为人造骨骼和假牙的材料。

（2）纯氧化物陶瓷和非氧化物陶瓷　纯氧化物陶瓷以 Al_2O_3、ZrO_2、MgO、CaO、BeO、ThO_2 为主要成分；非氧化物陶瓷以碳化物、硼化物、氮化物和硅化物为主要成分，目前世界上研究最多、最有发展前途的是氧化硅、碳化硅和增韧氧化物三类。

氧化铝和碳化硼（图 6-6）特种陶瓷在现代军事中应用广泛。在海陆空各种兵种的军队的现代武器中，几乎都有用特种陶瓷制成的部件。如 B_4C 陶瓷可用来制造飞机、车辆和人员的防弹装甲，用纤维和 B_4C 构成的复合材料可以制成 0.6cm 厚的武器装备内衬，可阻挡小口径的装甲弹的穿透。

氮化铝陶瓷（AlN）（图 6-7）的综合性能良好，非常适用于电子工业。AlN 陶瓷有良好的高温抗蚀性，可与铝、铜、镍、钼、钨以及许多合金在高温下共处，也能在砷化镓等化合物的融盐中稳定存在。因此，可以应用于制作电子工业器件的基片材料，也可用作腐蚀性物质的容器、处理器和坩埚材料。

图 6-6　氮化硼陶瓷制品

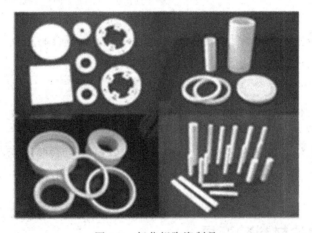

图 6-7　氮化铝陶瓷制品

新型陶瓷是知识和技术密集型产品，投资少、产值高、能源消耗少、经济效益高。近几年来，无论是氧化物陶瓷，还是非氧化物陶瓷，都存在向小型化、薄膜化、集体化、高功能、多功能发展的趋势，还出现了陶瓷发动机、陶瓷高温超导体、陶瓷敏感元件这三股研发热潮。这些事实说明新型陶瓷材料的研发具有强大的生命力。

6.1.3　纳米陶瓷的研究前景

纳米陶瓷是指显微结构具有纳米量级水平的陶瓷材料。纳米陶瓷是用纳米粉体成型、烧结制成的。纳米陶瓷粉体是介于固体与分子之间的具有纳米数量级尺寸的亚稳态中间物质。粉体的超细化，使它的表面电子结构和晶体结构发生变化，产生了块状材料所不具有的特殊的效应，如极小的粒径、极大的比表面积和很高的化学反应性能。用它烧结纳米陶瓷，可以显著降低烧结温度，使陶瓷材料的组成结构致密化、均匀化。纳米陶瓷的晶粒比先进陶瓷细小得多，$1cm^3$体积中存在 10^{19} 个晶粒边界（称为晶界），晶界上的原子占晶体总原子数的 50%，它们受到周围原子的相互作用，其排列组态既不同于晶体（晶体内原子规则排列），也不同于非晶态（原子呈短程有序、远程无序的排列）。这种新的原子排列组态给纳米陶瓷带来了许多新性能。例如，纳米陶瓷晶粒细化，有助于晶间的滑移，从而导致了超塑性；也因为晶粒细化，材料中的气孔和其他缺陷尺寸减小，可获得缺陷少甚至无缺陷的陶瓷，其力学性能大幅度地得到提高。

例如，Al_2O_3-SiC 纳米复合陶瓷在常温下具有很高的强度，它的抗弯强度比三氧化二铝单体提高近三倍，高温强度性能也明显提高。外墙用的纳米建筑陶瓷材料则具有自清洁和防雾功能。纳米陶瓷复合材料可以制成梯度功能材料（它的成分或结构从材料的一面向另一面发生逐渐地转化）、多种性能共存或互补的高性能复合陶瓷［如兼有高强度（1400MPa）、高韧性（12MPa）和高热传导性（120W/(m·K)）的强韧性 Si_3N_4 陶瓷］。

要获得纳米陶瓷，实现陶瓷发展中的这第三次飞跃，科学家需要寻求新的粉料制备方法，制备相应的甚至更细的陶瓷粉末，需要探索成型和烧结的新工艺。科学家预计，本世纪在研制纳米陶瓷方面会取得重大突破。

6.2 硅酸盐材料的变身

科技的发展，不仅促进了全新物质的制造，也可以使古老的材料加工改造成具有新的功能的材料。硅酸盐材料的加工改造就为生产、生活创造了许多新材料。

6.2.1 玻璃

玻璃早在公元前 2600 至公元前 2500 年就已被制造出来，在历史发展过程中，随着人们不断的探索与研究，玻璃制造和加工的工艺不断改进，品种不断增加，化学组成更加丰富，性能也大大提高，出现了适合在不同的场合应用的钢化玻璃、有色玻璃、光学玻璃、防弹玻璃等特种玻璃。玻璃具有非晶态结构，其物理性质和力学性质等是各向同性的。玻璃具有各种优良性能，易加工。玻璃在受热过程中，由脆态进入可塑态、高黏态、最后成为熔体，热胀系数和比热容等物理性质不会在某个温度下发生突变，黏度也是连续变化的。玻璃的熔融和凝固是可逆的，反复加热到熔融态，又按同一制度加热和凝固，如不产生分相和结晶，会恢复到原来的性质。因此玻璃可以经熔化、逐渐冷却塑造成型，可以吹制各种容器。制造普通硅酸盐玻璃的主要原料是石灰石、纯碱、石英砂。原料按一定比例混合，在玻璃熔炉中高温熔融，冷却就得到非晶态透明固态无机物。普通硅酸盐玻璃的大致组成为 $Na_2O \cdot CaO \cdot 6SiO_2$（$Na_2SiO_3 \cdot CaSiO_3 \cdot 4SiO_2$）。由原料制成玻璃的主要反应是：

$$Na_2CO_3 + SiO_2 \xrightarrow{\text{高温}} Na_2SiO_3 + CO_2 \uparrow$$

$$CaCO_3 + SiO_2 \xrightarrow{\text{高温}} CaSiO_3 + CO_2 \uparrow$$

目前，玻璃的家族中，不仅有了耐热的硼硅酸盐玻璃、工业用磷酸盐玻璃、钢化玻璃、石英玻璃，还出现了半导体玻璃、激光玻璃、电光玻璃、透红外玻璃等新成员。例如，在玻璃中加氧化锂作为催化剂，用紫外线照射，使玻璃内部形成氧化锂、二氧化硅微晶，得到微晶玻璃。它的强度比玻璃大6倍，比高碳钢硬，比铝轻，有很高的热稳定性，加热到 900℃，投入冷水也不会炸裂，可广泛用于无线电、电子、航空、航天、原子能和化工生产等领域。

交通领域中定向反射膜的制造和使用，也是一个有趣的例子。夜晚，汽车奔驰在高速公路上，在汽车灯光的照射下，会看到道路两侧橙红色的指示灯不断地闪亮、一块块架于道路两侧上空的交通标志牌显示的道路信息。回头往车后望，这些景象却看不到。白天仔细观察可以发现这些指示灯和交通标志牌本身不会发光，也没有设置灯光和自动控制灯光的装置。那么，这些指示灯和交通标志牌的亮、暗的现象，是怎么产生的？原来，这些指示灯和交通标志牌上的文字是用玻璃制造的一种定向反光膜绘制的。一旦受到强光的直射，定向反光膜能将射向它的光线直接反射回来，看起来好像它自己在发光。定向反射膜反射回来的光线十分集中，具有强烈的"醒目效应"，可使驾驶员在夜间或视野不佳的情况下看清周围情况，确保交通安全。定向反射膜是用玻璃微珠制成的，玻璃微珠看起来像白色粉末，在光学显微镜下观察可以看到，其实它们是一堆粒度均匀的球形颗粒，这些球形颗粒的直径只相当于一根头发丝的直径。在玻璃中加入折射率较高的重金属氧化物，放进电炉或煤气炉中高温熔融，当原料变得均匀清晰时，取出急冷、粉碎、筛分，制成粒度合宜、形状不规则的颗粒。然后，采用等离子喷涂技术（或火焰喷涂技术）将它们制成白色、透明、球形的玻璃微珠。这些玻璃微珠折射率大（在2.20左右），而且耐水、耐酸、析晶率低，可以制成定向反光膜。当光线射入球状玻璃微珠时，玻璃微珠就像一面微型凸透镜。折射率为2的玻璃微珠暴露在空气中，入射光线将聚集于微珠的后球面，通过涂在后球面上的反射层或球面本身的反射，光线即可从整体上沿原路折返。如果玻璃微珠的折射率不到2，光线将聚焦于微珠的外面。在这种情况下，为了得到较好的定向反射，必须将反射层材料涂得厚一些，使得光线的焦点落在反射层界面上。当反射层与微珠球面能够构成同心球面时，对成斜角射入的光线，反光膜也能较好地反射回来。

6.2.2　光导纤维

光导纤维（简称"光纤"，图6-8）是用超纯石英玻璃制造的，现在已经成为现代通讯不可或缺的材料，走进了千家万户。它是一种能利用光的全反射作用来传导光线的透明度极高的玻璃细丝。光导纤维以纯石英玻璃为原料，利用化学气相沉积工艺制造，杂质极少，化学组成是SiO_2。将氧气注入到含有氯化硅等多种成分的溶液中，使氧气和氯化硅蒸汽的混合气体通过

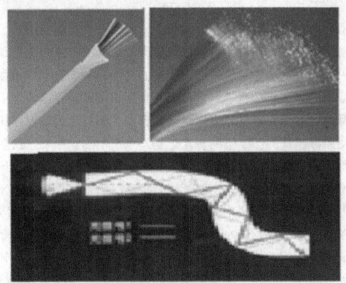

图6-8　光导纤维

在高温炉子中旋转和移动的石英管，反应生成二氧化硅沉积在管内。

$$SiCl_4(g) + O_2(g) \xrightarrow{1300℃} SiO_2(s) + 2Cl_2(g)$$

把得到的二氧化硅熔化形成"玻璃棒"。把"玻璃棒"安放在一个塔型容器的顶部，在1900～2000℃的高温下，浇注到一个石墨炉内，材料被熔化，在重力作用下滴漏下来形成石英丝。拉制的石英丝通过特殊的装置，形成粗细均匀一致的丝缠绕在转轮上。用于铺设光纤（optical fiber）通讯线路的光导纤维是由若干条柔韧、没有脆性、折射率高的光纤细丝（直径在$10\mu m$以下）用聚丙烯或尼龙套包裹形成的。

光导纤维晶体内部结构得到改善，均匀性好，能很好地传导波长较长的激光束。为防止光线在传导过程中的"泄漏"，光导纤维的玻璃细丝作为芯线，要用外包皮层包裹。外包皮层折射率比芯线折射率小，进入芯线的光线在芯线与外包皮层的界面上作多次全反射而曲折前进，不会透过界面，被外包皮层紧紧地封闭在芯线内，只能沿着芯线传送。

光纤通信的容量比微波通信大10^3～10^4倍，而且传输速度快，用光缆代替通讯电缆，可以节约大量有色金属。比如，生产1km的光纤只需几克的超纯石英玻璃（石英的原料在地球上储量极为丰富），可节省铜1.1t、铅2～3t。早在20世纪初，我国就已建成横贯东西、南北的几条大干线，并先后完成了两条国际海底光缆的铺设工作。一条是亚欧国际海底光缆工程，西起英国，东至日本，途经33个国家和地区，全长3.8万公里。另一条是中美国际海底光缆工程，全长2.6万公里。两条光缆的总容量相当于140多万条电话线路。

传送高强度的激光是光纤的另一重要应用。在激光手术中，需将激光器发射的光（常用二氧化碳激光）传输到需要手术的部位，用于切除脑及神经肿瘤以及各种血管瘤，也可切割骨组织或用于皮肤病治疗等。光损耗大的光纤可在短距离使用，特别适合制作各种人体内窥镜，如胃镜、膀胱镜、直肠镜、子宫镜等，除用于切除病变组织外，还可对癌变组织进行灼烧或气化。利用光纤还可制造用以检测温度、压强、磁场、电流、速度等的各种传感器。

6.2.3 单晶硅

从二氧化硅可以制得单晶硅。工业上用碳在高温下还原二氧化硅的方法，制得含有少量杂质的粗硅，将粗硅在高温下跟氯气反应生成四氯化硅

（SiCl₄），SiCl₄ 经过分馏提纯，再用氢气还原，就可以得到高纯度的硅。

$$SiO_2 + 2C \xrightarrow{高温} Si + 2CO \uparrow$$

$$Si + 2Cl_2 \xrightarrow{高温} SiCl_4$$

$$SiCl_4 + 2H_2 \xrightarrow{高温} Si + 4HCl$$

硅晶体（图 6-9）的结构与金刚石类似，所以，硅的熔点和沸点都很高，硬度也很大。在常温下，单质硅比较稳定，与氧气、氯气、硝酸、硫酸等物质都很难发生反应。硅晶体的导电性介于金属和非金属之间，是一种重要的半导体材料，广泛应用于电子工业的各个领域中。制造计算机芯片（图 6-10）的材料——单晶硅就是用超纯硅的晶体制造的。

图 6-9　硅晶体

硅晶片上有
4200 万个晶体管

图 6-10　计算机 CPU（奔腾 4 芯片）

6.2.4　水泥（普通硅酸盐水泥）

水泥是 18 世纪末期出现的，是当今建筑业使用最普遍的基础材料。水泥是以黏土（主要成分为二氧化硅）、石灰石为主要原料，制造经过生料制备、熟料煅烧和水泥制成等三个工序。原料按一定比例混合，磨成粉状，投入水泥回转窑中高温煅烧，再加入适量的石膏，磨成细粉，即得成品。硅酸盐水泥的主要化学成分是氧化钙（CaO）、二氧化硅（SiO_2）、三氧化二铁（Fe_2O_3）、三氧化二铝（Al_2O_3）等结合形成的硅酸盐，如硅酸三钙（$3CaO \cdot SiO_2$）、硅酸二钙（$2CaO \cdot SiO_2$）、铝酸三钙（$3CaO \cdot Al_2O_3$）、铁铝酸四钙（$4CaO \cdot Al_2O_3 \cdot Fe_2O_3$）。水泥是具有水硬性的胶凝材料。在水泥中加入适量水后，可成为具有可塑性的浆状半流体。水泥浆在空气中逐渐失去可塑性，保持混合堆积的形状凝结起来，随后又进入硬化期，慢慢硬化，强度逐渐增加。水泥浆还能将砂、石、钢筋等材料牢固地胶结在一起，成为复合材料。在水泥的凝结、硬化过程中，水泥中的硅铝酸盐、硫酸钙等各种成分发生了多种水合反应，生成多种水合物，如硅酸钙凝胶（$CaO \cdot SiO_2 \cdot xH_2O$）、水合铝酸钙（$3CaO \cdot Al_2O_3 \cdot 6H_2O$）、钙矾石（$3CaO \cdot Al_2O_3 \cdot 3CaSO_4 \cdot 32H_2O$）、单硫型水化铝酸钙（$3CaO \cdot Al_2O_3 \cdot CaSO_4 \cdot 12H_2O$）等化合物。现在，硅酸盐水泥通过调整制造水泥的原料成分和比例、添加某些其他原料等工艺手段，形成了各种类别的水泥，发展成一个庞大的家族。不仅有使用于不同工程、不同场合的普通硅酸盐水泥，还有不少特性水泥，如快硬水泥（能快速迅速凝固）、膨胀水泥、白水泥、彩色水泥等。

6.2.5 分子筛

许多硅酸盐具有多孔的结构，孔的大小与一般分子的大小相当，而且组成不同的硅酸盐的孔径不相同，因此，这些硅酸盐具有筛分分子的作用，人们把它们称为分子筛（图 6-11）。例如组成为 $Na_2O \cdot Al_2O_3 \cdot 2SiO_2 \cdot nH_2O$

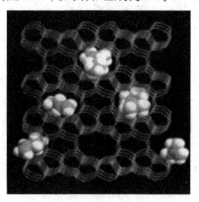

图 6-11 分子筛作用示意图

的一种铝硅酸盐，其中有许多笼状空穴和通道。这种结构使它很容易可逆地吸收或失去水及其他小分子，如 CO_2、NH_3、甲醇、乙醇等，但它不吸收那些大得不能进入空穴的分子。分子筛有天然的和人工合成的。分子筛常用于分离、提纯气体或液体混合物，或作气体液体深度干燥剂、离子交换剂、催化剂及催化剂载体。

6.3　红宝石与激光器

科学技术的发展，使许多天然资源加工、改造成为高科技的功能材料，红宝石就是一例。

自古以来就被人们视为珍宝的色彩斑斓的宝石，其主要成分是掺杂某些金属离子的 $\alpha\text{-}Al_2O_3$ 的晶体。晶体中有不同金属离子掺杂，就呈现出不同的色彩，如红宝石（红色，含 3 价铬）、蓝宝石（蓝色，含 2 价或 3 价铁及 5 价钛）、绿宝石（绿色，含 3 价、5 价铬）、紫晶（紫色，含 3 价铬或 4 价钛）、黄晶（黄色，含 3 价铁）等。20 世纪 60 年代激光的发明，使名贵的红宝石成为可以用于制造激光器的"心脏"——激光工作物质。红宝石从观赏和饰品的珍宝晋升为重要的高科技功能材料。

激光是什么？是怎么产生的？为什么红宝石可以作为激光工作物质？其实所有的光，包括传统光源或者激光光源发出的光，都是原子、分子能级变化所造成的。原子、分子处于特定的不同的能级，这些特定能级间能量有一定的差值。原子、分子可以吸收特定波长的光，从低能级跃迁至较高的能级，也可以从高的能级回到低的能级，发射一定波长的光波，释放出光辐射能量。

很多物质都能受激发光，激光就是物质受到激发，发出的高质量的光。但是，只有少部分物质能够发出有用的激光。普通的自发辐射的光源无法像激光光源发出那么高质量的光谱。因为传统光源的系统处在各种能级都有的杂乱辐射状态，发射的光谱分布很宽。而激光的发射是受激发射，各种能级的原子被激发到一个较高的激发态上，而后大部分原子都在一段极短的时间内回到同一个较低的能态上，发射光波处在几乎一致的能量水平上（具有单色性）。为此，需要脉冲激光，依靠外部的能量把能发出激光的物质中回到低能级的原子中心激发到激发态，而且要达到一定的密度。这些激光物质一般被放在两个镜子之间，使得能量能够经过多次来回反射而放大到能够使用的级别。

　　科学家提出制造激光器的设想后不久，红宝石就被选中作为制造激光器的材料。常见的红宝石棒直径 $0.5 \sim 2 \mathrm{cm}$，长 $4 \sim 16 \mathrm{cm}$，浅粉红色或深红棕色玻璃棒状。激光用红宝石晶体的基质是 Al_2O_3，晶体内掺有约 0.05%（质量分数）的 Cr_2O_3。晶体中 Cr^{3+} 密度约为 $1.58 \times 10^{19} \mathrm{cm}^{-3}$。$Cr^{3+}$ 在晶体中取代 Al^{3+} 的位置而均匀分布在其中。红宝石中的激光作用是通过 Cr^{3+} 的受激发射过程而实现的，因而 Cr^{3+} 通常称为激活离子，它是红宝石中产生激光的"主体"。而红宝石的主要成分氧化铝只是容纳铬离子的基质，对激光产生只起间接作用。

　　红宝石激光器工作原理和构造以及 Cr^{3+} 的能级分布与跃迁的基本过程，可以用图 6-12、图 6-13 做简单说明。

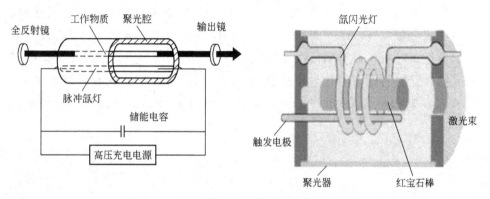

图 6-12　红宝石激光器工作原理和构造示意图

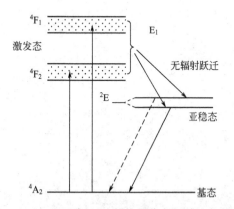

图 6-13　红宝石中 Cr^{3+} 的能级分布与跃迁示意图

　　依据红宝石晶体的吸收光谱的观察结果和晶场理论，红宝石中 Cr^{3+} 的基态为 $^4A_2$ 能级，激发态 $^4F_1$ 和 $^4F_2$ 是能态分布较宽的能级，激发态 ^2E 是一个亚稳态（它由两个分能级组成）。红宝石中的 Cr^{3+} 处在红宝石基质原子组成的晶格电场中，受这种晶格场的作用较大，使原来自由状态的 Cr^{3+} 的能级发生较大的分裂，其能级结构和自由状态的 Cr^{3+} 的能级结构有明显差别，所用能级符号也不同。红宝石晶体在 Xe（氙）灯照射下，Cr^{3+} 可以吸收一定波长的激发光，从基态 $^4A_2$ 跃迁到激发态 $^4F_2$ 和 $^4F_1$（此外，Cr^{3+} 还可吸收光波从基态 $^4A_2$ 跃迁到 ^2E 态的两个分能级）。处于 $^4F_2$ 和 $^4F_1$ 两个能态的 Cr^{3+} 是不稳定的，粒子在这一能级的平均寿命很短（约 $10^{-9}s$）。由于晶体内部热运动的扰动，处于激发态 $^4F_2$ 和 $^4F_1$ 的 Cr^{3+} 很快地向能级 ^2E 跃迁（无辐射），粒子在 ^2E 能级上寿命长，可达 $3 \times 10^{-3}s$，可以在这一能级上积累起大量粒子。当 Cr^{3+} 从 ^2E 回到基态 $^4A_2$ 时，产生受激发射，释放出波长为694.3nm 的激光。

1960 年人们用红宝石作为工作物质振荡激励发射出激光，随后又用氦、氖、二氧化碳等气体以及半导体、染料等作为工作物质实现了激光振荡。目前，已经研制出上百种固体激光物质，但实际使用中效果最好的主要是红宝石、掺钕钇铝石榴石（化学组成为 $Y_3Al_5O_{12}$）、掺钕铝酸钇和钕玻璃 4 种。红宝石受光脉冲激发 $300 \sim 500\mu s$ 后产生激光脉冲，峰值功率可达 $10^9 \sim 10^{10}W$。

7

从古典向现代演变的有机材料

　　参观过北京奥体中心的游泳馆——水立方（图7-1）的人们，看到伫立在面前的水立方，如同披上了一件水的外衣，亦真亦幻，风姿动人，都会不由自主地发出赞叹。水立方的外墙是采用新有机合成材料ETFE（乙烯-四氟乙烯共聚物）膜制作的。它是当代世界上面积最大、功能要求最复杂的膜结构系统。ETFE是20世纪70年代最早由杜邦公司开发成功的，当时主要用作航空工业中的绝缘材料。随后人们发现这种材料在使用时可以做成片状，也可以制成一种薄而耐用的膜，再加上材料本身具有的透明、自洁等性能，ETFE很快就成为替代玻璃等传统材料的最佳材料。ETFE膜一般厚度仅有0.25mm。把两层或者更多层的膜"缝制"在一起，向里面充气后，就制成了有机物和空气的复合材料。它的形状就像一个枕头，所以被称为气枕。它可以充当建筑物的外墙，而且耐久性很好。水立方的墙体是由3000多个这样的气枕组成。由这种膜材料制成的屋面和墙体质量轻，只有同等大

图7-1　水立方游泳馆外墙

小的玻璃质量的 1%；ETFE 膜延展性大于 400%，韧性好、抗拉强度高、不易被撕裂，即使有了空洞，修补也非常方便，只需用不干胶一粘就行了；自洁性强，尘土不容易粘在上面，能随着雨水被排出；耐候性和耐化学腐蚀性强，它具有较强的隔热功能，熔融温度高达 200℃，并且不会自燃。

现在，人工合成的各种有机材料包括合成有机高分子材料，几乎到了四处可见、唾手可得的地步，而且还不断有新创造的具有特殊性能的高新材料问世。

7.1 合成有机高分子材料的诞生

其实，人们早已开始应用有机材料，棉、麻、毛、木材就是天然的有机高分子材料。但这些有机材料只是利用原料本身的形态加工而成的，不是用化学方法创造出来的。化学家在研究这些天然有机材料时发现它们都是由有机高分子化合物构成的，并由此引发了用人工合成的有机高分子化合物制造合成有机高分子材料的思路和相关的技术。有机合成高分子材料的研发和高分子化学学科的建立和发展密不可分。人类合成的第一种有机高分子化合物——酚醛树脂，催生了研究高分子（聚合物）的高分子化学学科的诞生，高分子化学的发展又大大促进了合成高分子材料的研发。

木头的主要成分是天然高分子有机化合物——纤维素，棉花中则含有更纯净的纤维素。1868 年，人们制成了硝化纤维（硝化棉），硝化棉着火点低、燃烧速度快，燃烧生成大量气体，因此被用作炸药。1872 年，美国出现了第一家生产硝酸纤维素酯的工厂，厂方计划用经过特殊工艺生产出来的硬而且有韧性的硝酸纤维素酯（称为赛璐珞）替代传统材料象牙来生产台球。但未曾预料到，科学家们在硝酸纤维素酯溶解与定型方面的研究，获得了很多成果，开发了许多纤维素的化学加工和应用方式。在很短的时间里，经过化学加工的纤维素就得到广泛应用，替代了木材、金属材料。例如，用 NaOH 和 CS_2 溶解棉纤维制成人造丝、粗胶纤维；用醋酸酐酯化纤维制成人造丝、胶片、涂料等。合成硝化纤维素的诞生只是一次对纤维素的改性，但是它是人类第一次利用化学反应合成出了新型有机材料，"塑料"的大门就此打开，新的一场材料革命就此展开。

化学家研究纤维素，发现它是由许许多多 $[C_6H_7O_2(OH)_3]$ 结构单元重复连接构成的、分子量达到几万甚至上百万的长链大分子。这种大分子链最大伸直长度可达毫米量级。浓硝酸（或者发烟硝酸）与浓硫酸的混合酸溶解棉纤维发生硝化反应，转化为主要成分是三硝酸纤维素酯的聚合物。

$$[(C_6H_7O_2)\langle^{OH}_{OH}]_n + 3nHNO_3 \xrightarrow[\triangle]{H_2SO_4} [(C_6H_7O_2)\langle^{ONO_2}_{ONO_2}]_n + 3nH_2O$$

硝化纤维只是用原本就是高分子的天然纤维素通过化学加工得到的有机高分子化合物。1909 年 Backeland 用苯酚与甲醛合成的酚醛树脂（又称电木），才是一种全新的由小分子化合物人工合成的高分子材料。合成酚醛树脂的原料甲醛和苯酚都是小分子（分子量分别是 30、94）。甲醛和苯酚在一定条件下经过聚合反应得到线型或体型的高分子化合物：

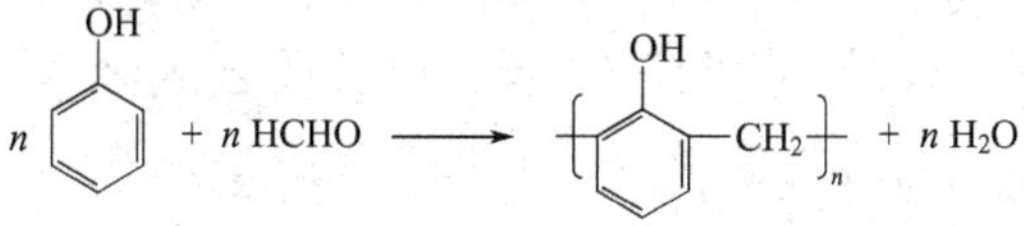

$$n \text{苯酚} + n\,HCHO \longrightarrow \{苯酚-CH_2\}_n + n\,H_2O$$

生成的高分子的分子量可达几万至几十万；在不同条件下可以形成二维（线型）或三维（体型）的交联状结构（图 7-2）。用体型酚醛树脂可以制成电木塑料。电木塑料有突出的绝缘性能，可用于电学器材的制造，如今天仍被广泛使用的开关盒、电灯头。

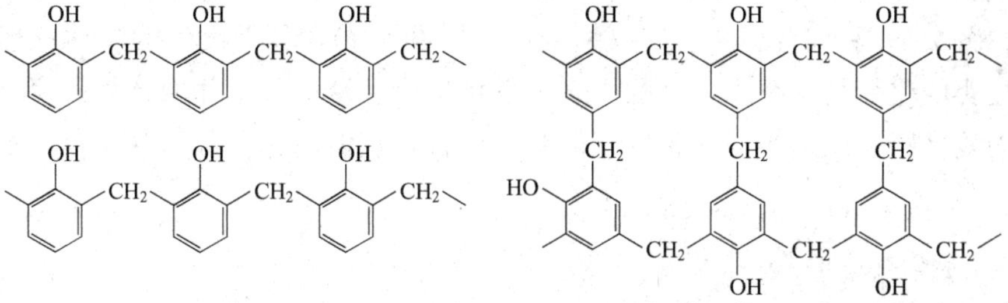

图 7-2　线型酚醛树脂（左）和体型酚醛树脂（右）的结构

酚醛树脂是人类第一次用化学方法创造出来的高分子化合物，为制造新材料开辟了一条新道路，开创了用石油、煤炭化工产品制造塑料的途径。由于塑料的生产成本低，塑料加工容易、制品不易腐烂，使塑料替代原有材料的速度远超过青铜、铁器。也由此产生了一门新的化学学科——高分子化学。

酚醛树脂刚刚制得的年代，很多科学家并没有认识到它是具有很大的分子量的化合物。1920 年德国化学家 H. Staudinger 指出它是通过化学键结合的大分子，由此在 20 世纪 20 年代引发了一场大辩论。最终，高分子化合物的概念被广泛接受，由此奠定了高分子化学的地位。1939 年美国人发明了硫化天然橡胶，赋予了橡胶制品坚韧和弹性，从此发展起橡胶工业。此后高分子化学大师 P. J. Plory 在缩聚反应理论、高分子溶液的统计热力学和高分子构象的统计力学方面作出了杰出的贡献，从而开发出大量的合成高分子化合物。

此后，尼龙（聚酰胺，1930 年）、聚氨酯材料（1937 年）、聚苯乙烯（1930 年）、环氧树脂、聚丙烯酸酯、聚乙烯纷纷诞生。由小分子合成高分子，反应的条件尤其是适合的催化剂的研究、开发是关键。1954 年以前，聚丙烯的研发，一直得不到性能理想的产物。后来德国化学家 R. Ziegler 用钛铝催化剂系统合成出一种结构性能更优异的新型聚乙烯（$\{CH_2-CH_2\}_n$）。意大利化学家 G. Natta 第一次成功地选择应用了钛铝催化剂体系，在实验室中制得了有利用价值的聚丙烯（$\{CH(CH_3)-CH_2\}_n$）。此后，他们使用的钛铝催化剂系统被称为 Ziegler-Natta 催化剂，在高分子合成中被广泛应用。低压聚乙烯的制得，促使 20 世纪 60 年代高分子合成化学、高分子物理和高分子加工达到了成熟阶段。20 世纪 70 年代后，高分子化学又进入一个崭新的阶段，化学家开始研究具有特殊功能的高分子化合物、生物医用高分子化合物。20 世纪 80、90 年代高分子化学的研究对各种高性能、多功能新材料的开发起到重要的作用。种类繁多的高分子化合物的开发、制造，构成了合成树脂、合成纤维、合成橡胶三大合成材料。

从小分子化合物制备高分子化合物，可以通过加成聚合反应（加聚反应，图 7-3）和缩合聚合反应（缩聚反应，图 7-4）。加聚反应的单体一般是烯烃类的化合物，在引发剂的引发下发生聚合。从一种单体聚合得到聚合物称为均聚物；由两种或两种以上的单体聚合得到的高分子称为共聚物。加聚

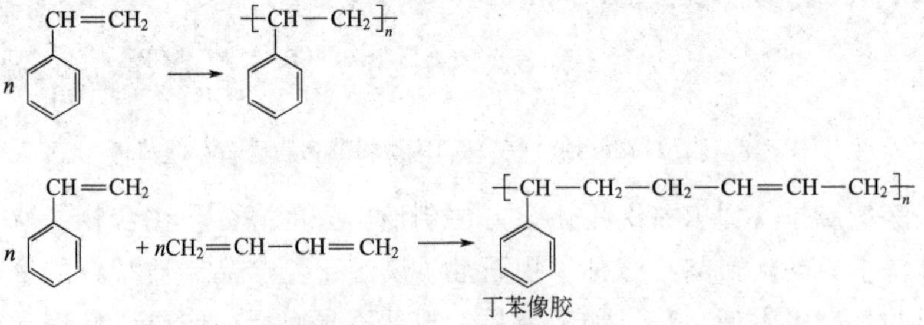

图 7-3　加聚反应

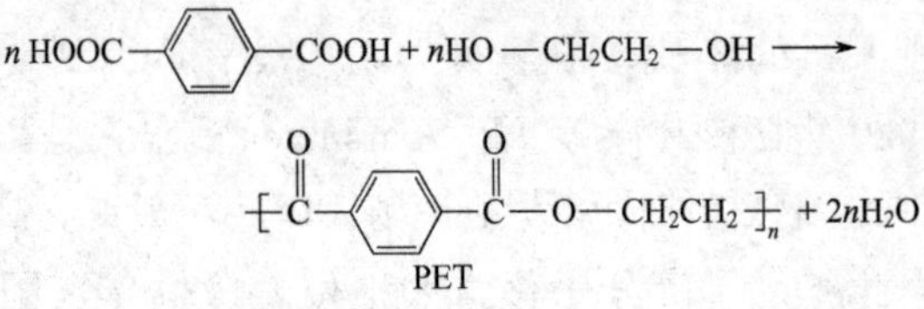

图 7-4　缩聚反应

物的分子量一般在 20 万。发生缩聚反应的单体，反应基团的平均数至少要等于 2，才能生成线性高分子，反应基团的平均数要大于 2，才可能生成支链或交联的高分子。缩聚反应在反应过程中要缩去某些小分子，通常是水，如聚酯及聚酰胺就是这类反应的典型产物。

用两种或两种以上的单体聚合生成的高分子化合物（称为共聚高分子化合物），可以兼有各单体的优点，从而赋予产品新的性能。例如，广泛应用的 ABS 树脂是由苯乙烯（$C_6H_5CH=CH_2$）、丙烯腈（$CH_2=CH-CN$）和 1,3-丁二烯（$CH_2=CH-CH=CH_2$）三种单体加成聚合得到的。它兼有各种单体的性能，广泛用于制造电讯器材、汽车、飞机零部件及各种仪器的外壳。

一般来说，高分子化合物比较稳定。但在光、空气、水等的环境中会逐渐发生断链，致使高分子链的化学键断裂，聚合物的聚合度降低，发生降解。降解反应是破坏性的，报废的高聚物依靠降解反应，才能迅速被分解成小分子，不会污染环境。依靠降解反应，可以通过处理预制的高分子制得某些不易得到的单体。

7.2 品种繁多、性能各异的合成高分子材料

合成材料的研究、开发和生产，弥补了天然资源的不足，而且原料来源丰富、适合现代化大工业生产。现在，合成材料的产量早已超过了天然资源，已经成为电子、电器、机械工业、建筑、农业上广泛应用的材料，成为国民经济发展必不可少的资源。以合成橡胶为例，年产 1 万吨天然橡胶需要热带土地 10 万亩（1 亩＝666.67m³)，栽种 3000 万颗橡胶树，每年需劳动力 5 万人，等 7~8 年后才能割胶。但是，每年生产等量的合成橡胶只需 150 人的生产工厂。从纤维材料的生产看，一个年产 20 万吨的合成纤维厂相当于 400 万亩棉田或 4000 万头绵羊的产量。在工业领域，1t 高分子材料（如各种工程塑料）可代替了 3~7t 金属材料。

7.2.1 常见的合成有机高分子材料

合成有机高分子材料种类繁多，传统意义上把合成有机高分子化合物分成合成树脂、合成纤维、合成橡胶三大类。按材料的性能，可以把合成有机

高分子材料分成高分子工程材料、高分子功能材料等。高分子工程材料包括热塑性高分子材料、热固性树脂高分子纤维材料等；高分子功能材料则包括导电高分子材料、光敏高分子材料、高分子功能膜材料、高分子液晶材料、高分子吸附剂、吸水性高分子材料、生物工程用高分子材料等。

　　高分子材料品种繁多，性能各异，为各行各业提供了极为丰富的材料（图 7-5）。以下介绍在现代有重要影响和应用的一些合成高分子材料。

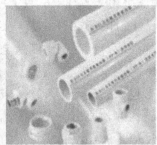

图 7-5　品种繁多的高分子材料

　　（1）聚碳酸酯和 ABS 树脂　聚碳酸酯的原料是石油化工产品。用双酚A 的钠盐和光气在催化剂存在下进行界面聚合，通过缩聚反应生成高分子化合物——聚碳酸酯（图 7-6）。图 7-6 中，两种反应物依次是双酚 A 的钠盐、光气。

$$NaO\!-\!\!\langle\bigcirc\rangle\!-\!\!\overset{CH_3}{\underset{CH_3}{C}}\!-\!\!\langle\bigcirc\rangle\!-\!ONa + nCl\!-\!\overset{O}{C}\!-\!Cl \longrightarrow$$

$$\left[\!O\!-\!\!\langle\bigcirc\rangle\!-\!\!\overset{CH_3}{\underset{CH_3}{C}}\!-\!\!\langle\bigcirc\rangle\!-\!O\!-\!\overset{O}{C}\right]_n + 2nNaCl$$

图 7-6　聚碳酸酯的合成反应

　　聚碳酸酯是一种优良的热塑性高分子工程材料。用聚碳酸酯制造的空心板和实心板，应用很广泛，常用于制造温室大棚、雨棚、站牌顶棚、显示器、广告灯箱等，还可以代替有色金属及其他合金，在机械工业上作耐冲击和高强度的零部件。用玻璃纤维增强的聚碳酸酯具有类似金属的特性，可代替铜、锌、铝等压铸件；还可在电子、电气工业用作电绝缘零件。

　　聚碳酸酯具有透明性极佳、常温耐冲击强度高、耐高温与刚性高的特性，随着生产规模的扩大，聚碳酸酯已经取代有机玻璃，广泛应用于消费者日常生活。例如，用于光碟、眼镜片、饮料瓶、防弹玻璃、登月太空人的头盔面罩、护目镜、车头灯以及某些音乐播放器和笔记本电脑外壳制作。

目前产量最大，应用最广泛的塑料是 ABS 树脂。它是丙烯腈（A）、丁二烯（B）、苯乙烯（S）的三元聚合物（图7-7）。

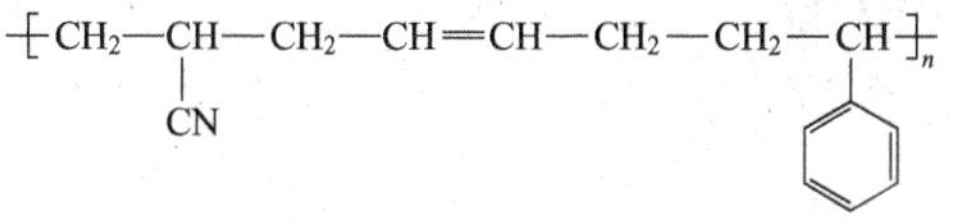

$$\left[CH_2\!-\!CH\!-\!CH_2\!-\!CH\!=\!CH\!-\!CH_2\!-\!CH_2\!-\!CH \right]_n$$
$$CN$$

图 7-7　ABS 树脂的结构式

ABS 树脂具有三种组成，因而有很好的性能：丙烯腈赋予 ABS 树脂化学稳定性、耐油性、一定的刚度和硬度；丁二烯使其韧性、抗冲击性和耐寒性有所提高；苯乙烯使其具有良好的介电性能，并呈现良好的加工性。从结构上看，ABS 树脂有以弹性体为主链的接枝共聚物和以坚硬的 AS（丙烯腈-苯乙烯共聚物）树脂为主链的接枝共聚物，还有橡胶弹性体和坚硬的 AS 树脂的混合物。这样一来，不同的结构就显示不同的性能，弹性体显示出橡胶的韧性，坚硬的 AS 树脂显示出刚性，可得到高冲击型、中冲击型、通用冲击型和特殊冲击型等几个品种。

ABS 具有优良的综合物理和力学性能、极好的低温抗冲击性能以及尺寸稳定性，电学性能、耐磨性、抗化学药品性、染色性、成品加工和机械加工性能较好。ABS 树脂耐水、无机盐、碱和酸类，不溶于大部分醇类和烃类溶剂，而容易溶于醛、酮、酯和某些氯代烃中。ABS 树脂热变形温度低、可燃，耐候性较差。熔融温度在 217～237℃，热分解温度在 250℃以上。使用中防火十分重要。

ABS 树脂的一大优点是塑形容易同时价格低廉，适用于对强度要求不太高的零件（不直接受到冲击，不承受可靠性测试中结构耐久性测试的零件）。ABS 树脂的最大应用领域为汽车、电子电器和建筑材料，汽车领域的使用包括汽车仪表板、车身外板、内装饰板、方向盘、隔音板、门把、保险杆、通风管等，在消费性电子市场则广泛应用于电冰箱、电视机、洗衣机、空调器、电脑、影印机等产品。

(2) 吸水性树脂　聚丙烯酸酯塑料是具有高吸水性和高保水性的树脂（图7-8）。可以用它制作一次性尿布的内层，用于吸收尿液。一次性尿布的外层用防水聚乙烯塑料包裹，用塑料黏结剂将尿布的各部分黏合起来，再用聚乙烯塑料包装起来。高吸水性树脂具有高吸水性和高保水性，能吸收相当于自身重量数百倍乃至千倍的水，吸水膨胀后，即便加压，依然"滴水不漏"。一种高吸水性树脂是由聚乙烯醇与聚丙烯酸盐高分子交联得到的。这种树脂中高分子长链紧密缠绕卷曲，其中部分链之间形成交联的立体网络结构。一遇水，交联体中的钠离子（Na^+）便游离于聚合物网络之外，剩下带负电荷的羧酸根（—COO^-）相互排斥，将高分子链间距离扩展，立体网络犹如一个大网兜，可容纳大量的水。在食盐水和酸性溶液中，高吸水性树脂的吸水能力会下降。

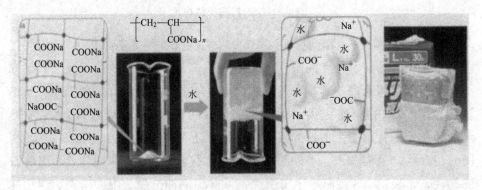

图 7-8　吸水性树脂

（3）凯夫拉纤维　凯夫拉（Kevlar，见图 7-9）是化工大厂杜邦（Du-Pont）的芳族聚酰胺类有机纤维材料（芳纶）的注册商标名称。该种纤维是继玻璃纤维、碳纤维、硼纤维之后的先进复合材料，由杜邦公司首先实现工业化生产。凯夫拉纤维最大的特性是具有极高的强度（约为 22cN/dtex），其强度是相同重量钢丝的五倍以上、是高强度工业尼龙和玻璃纤维的两倍以上。同时凯夫拉纤维的热性能极佳而且热稳定性好，还有良好的绝缘性和抗腐蚀性，因此赢得"合成钢丝"的美誉。凯夫拉纤维最早被用来制作军用防弹衣与防弹头盔，目前已经广泛应用于车辆轮胎强化材料、网球拍、汽车安全气囊、安全带、防弹衣、防火衣、运动衣物、手套、鞋子及户外背包等领域。

图 7-9　凯夫拉纤维制品

(4) 聚四氟乙烯材料 在我们日常生活中使用的不粘锅，锅的内表面涂敷了一层称为聚四氟乙烯的高分子化合物。聚四氟乙烯是一种性能优异的高分子化合物。它的化学性质相当稳定，它的表面能很低，可以防止煎鱼或煎蛋时易粘锅的现象。聚四氟乙烯（PTFE，特氟龙）是四氟乙烯的聚合物，结构式为 $CF_3 \text{—} CF_2 \text{—} CF_2 \text{—}_n CF_3$。20 世纪 30 年代末期被发现，20 世纪 40 年代投入工业生产。聚四氟乙烯分子量较大，低的为数十万，高的达一千万以上。聚四氟乙烯具有一系列优良的使用性能：耐高温，长期使用温度 200～260℃；耐低温，在 −100℃ 时仍柔软；耐腐蚀，能耐王水和一切有机溶剂；耐气候，在塑料中具有最佳耐老化性质；高润滑，在塑料中有最小的摩擦系数（0.04）；不粘性，在固体材料中表面张力最小，不黏附任何物质；无毒害，具有生理惰性；优异的电气性能，是理想的 C 级绝缘材料，报纸厚的一层就能阻挡 1500V 的高压；比冰还要光滑。聚四氟乙烯材料广泛应用在国防军工、原子能、石油、无线电、电力机械、化学工业等重要部门，也是重要的医用材料。

7.2.2 具有特殊功能的合成高分子材料

当今，化学家已发现并合成了不少有特殊功能的高分子材料。如，医用高分子材料与组成人体器官组织的天然高分子有很相似的化学结构和物理性能，可用于人体器官和组织修复或再造；形状记忆高分子材料的形状、尺寸不管如何改变，在加热、光照、辐射等外部条件作用下，可以恢复到原始状态，它具有形变量大、易加工成型、耐锈蚀、耐酸碱等优点；有机电致发光高分子材料用于制造只有几毫米厚度、可任意弯曲、比液晶显示器耗电更少、性能更好的显示器。此外，还有比功能材料性能更优越的被誉为"第五代材料"的智能材料也已得到开发和应用。

(1) 导电塑料 导电塑料按制作方法可分为结构型导电塑料和复合型导电塑料。结构型导电塑料是本身具有导电性或经化学改性后具有导电性的塑料。这里介绍结构型导电塑料。

聚乙炔是最简单的聚炔烃，有顺式聚乙炔和反式聚乙炔两种立体异构体（图 7-10）。高分子量聚乙炔不溶、不熔，是结晶性高分子半导体，深色有金属光泽。聚乙炔分子中，存在单双键交替出现的体系（称为共轭体系），在体系中，由于原子间的相互影响而使体系内的 π 电子分布发生变化（称为共轭效应）。聚乙炔分子中的 π 电子的运动范围不再局限在两个碳原子之间，

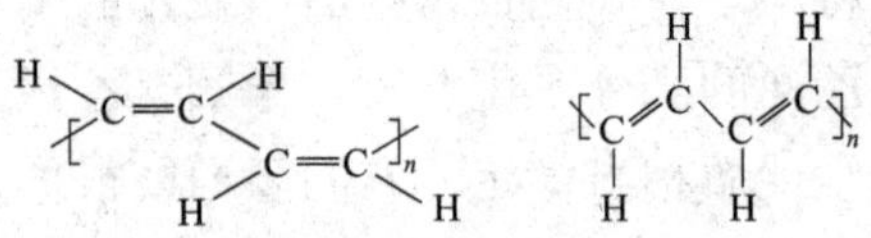

图 7-10 顺式聚乙炔（左图）和反式聚乙炔（右图）的结构式

可以沿共轭体系扩充到其他相邻的原子，电子的传递不受距离的限制，也就是产生所谓的离域现象。产生离域现象的 π 电子，被称为共轭 π 电子。这种变化，使分子中电子云密度的分布发生改变，趋于平均化，键长也趋于平均化，原子间电子云重叠较多，电子云密度变大。

金属能导电，是由于其中存在自由电子，在电场中可以定向移动。聚乙炔分子中有共轭 π 电子存在，人们自然地会设想，如果共轭 π 电子可以成为自由电子，就会导电。因此，19 世纪初就有人从理论上预言长链高分子可以变成金属。

1975 年，正在进行一种类似金属的无机聚合物膜 [硫化氮（SN）$_x$] 研究的美国化学家艾伦教授到日本访问，在日本化学家白川英树的实验室中发现一件搁置了 5 年的高分子聚合实验中得到的具有有机银光的废品。那是白川英树的学生在合成聚乙炔时，由于错误地加入了比平常多 1000 倍的催化剂而产生的废品。艾伦教授见了出"事故"的学生，详细询问了实验全过程。当他得知这件废品有些导电性能时，萌发了发明导电塑料的想法。自1868 年发明第一种塑料以来，制得的各种塑料都是绝缘体，他却当即决定邀请白川英树教授和另一位美国物理学家黑格教授到美国共同研究制备导电塑料。黑格教授当时也在研究无机聚合物硫化氮。他们知道利用碘蒸气来氧化聚乙炔，塑料的光学性质会有所改变。在此基础上，他们又进行了大量研究试验，寻找生成导电塑料的途径。经过无数次的失败，他们终于发现把微量的碘加入到聚乙炔中，塑料的导电性能一下子提高了千万倍，合成了金属般的导电塑料。聚乙炔只有微弱的导电性，用碘、溴等卤素或 BF_3、AsF_3 等掺杂后，聚乙炔发生氧化，或者被移走部分电子，或者增加新的电子。在通电时，π 电子能在高分子链上快速移动，电导率就提高到了金属水平。他们于 1977 年的夏天发表了研究论文，用事实证明了 19 世纪关于长链高分子化合物可以导电的预言，也因此共同获得了 2000 年诺贝尔化学奖。

此后，科学家们更多地开展了对导电塑料的研究，取得了许多成果。例如，近年 Chem. Phys. Chem 杂志报道，澳大利亚的三位教授借助于电子工业领域被广泛运用的离子束处理高分子聚合物薄膜材料，使其具备类似金属的功能，能够向导线本身那样导电，甚至可以变成超导体。

(2) 液晶材料　当代液晶显示材料广泛应用于制造各种规格和类型的液晶显示器，如计算机终端和电视。液晶显示器驱动电压低、功耗微小、可靠性高、显示信息量大、彩色显示、无闪烁、对人体无危害、生产过程自动化程度高、成本低廉、便于携带。

液晶材料有小分子液晶，也有聚合物液晶。聚合物液晶是通过柔性聚合物链将小分子液晶连接起来构成的，它克服了小分子液晶稳定性差、机械强度小的缺点。

常见物质有固、液、气三态，多数物质在固态处于晶态。大多数固态物质受热熔化直接转变为液态。有些晶体物质的分子是长形或扁形的，这些物质受热熔融或者在溶剂中溶解，会失去固态的刚性等大部分特点，外观呈现液体的流动性，但分子指向仍然具有方向性，保留着分子取向和有序的排列，仍然具有晶体的某些特性，处于晶体、液体间的过渡态。人们把这些由固态向液态转化过程中取向有序的流体称为液晶。1888 年，奥地利植物学家莱尼茨尔（Reinitzer）发现了液晶。液晶也存在于生物结构中，日常适当浓度的肥皂水溶液也是一种液晶。

工业上使用的液晶材料主要是脂肪族、芳香族、硬脂酸等有机化合物。根据物质中分子排列的方式，液晶可以分为近晶相、向列相和胆甾相三种，其中向列相和胆甾相应用最多。向列相液晶分子成棒状，分子短程相互作用比较弱，其排列和运动比较自由。局部区域的分子趋向于沿同一方向排列，黏度小、流动性强，是液晶显示器件的主要材料。近晶相液晶分子成棒状，排列成层，每层分子长轴方向是一致的，但分子长轴与层面都呈一定的角度。层的厚度约等于分子的长度，各层之间的距离可以变动。分子层内分子结合力强，层与层间结合力弱。有流动性，但黏度比向列相液晶大。用近晶相液晶制作的显示器件比向列相液晶显示器件的特性更优越。胆甾相液晶分子呈扁平状，呈层状排列。

液晶可分为热致液晶、溶致液晶。热致液晶是指由单一化合物或由少数化合物的均匀混合物形成的液晶，通常在一定温度范围内才显现液晶相。溶致液晶是一种包含溶剂化合物在内的两种或多种化合物形成的液晶，在溶液中溶质分子浓度处于一定范围内时出现液晶相。这种液晶中分子排列长程有序的主要原因是溶质与溶剂分子之间的相互作用，而溶质分子之间的相互作用是次要的。

　　液晶分子的长宽约 1～10nm。在自然状态下，这些棒状分子的长轴大致平行，分子排列具有规则性。可以利用不同的电压，对液晶分子的排列加以适当地控制，液晶会允许光线穿透，光线穿透液晶的路径由构成它的分子排列来决定。在不同电压的作用下液晶会呈现不同的光特性。在单色液晶显示屏中，一个液晶就是一个像素。在彩色液晶显示屏中，每个像素由红绿蓝三个液晶共同构成，每个液晶背后配备一行 8 位寄存器，寄存器的值决定着三个液晶单元各自的亮度。寄存器的值并不直接驱动三个液晶单元的亮度，而是通过一个"调色板"来访问。这些寄存器轮流连接到每一行像素并装入该行内容，将所有像素行都驱动一遍就显示一个完整的画面。

　　液晶材料从发现到应用，发展速度极快：

　　1972 年出现了第一支使用液晶显示器的手表；

　　1973 年出现了第一台使用液晶显示器的计算器；

　　1981 年出现了第一台使用液晶显示器的便携式计算机和第一台使用液晶显示器的黑白小电视机；

　　1989 年出现了第一台使用液晶显示器的笔记本计算机；

　　……

　　液晶显示技术对显示显像产品结构产生了深刻影响，促进了微电子技术和光电信息技术的发展。

8

复合材料的前世今生

　　提起复合材料，不少人会觉得那是十分先进的材料，是用于高科技领域的材料。现代的高科技领域确实应用了许许多多具有特殊性能的复合材料，但复合材料并非都是普通人看不到、用不上的材料。早在古代，人类就已经使用稻草或麦秸增强黏土来砌墙。20 世纪 90 年代常见的石棉瓦也是复合材料。现在日常生活中经常用到的镀铝聚酯薄膜制造的小食品包装，它的制作材料其实也是复合材料。还有制造潜水夹克、救生筏、充气帐篷、按摩气囊和专业的防水背包的防水布料，大多是 TPU（热塑性聚氨基甲酸酯）复合面料，TPU 复合面料就是由 TPU 薄膜复合在各种面料上形成的一种复合材料。

　　复合材料指由两种或两种以上不同物质以不同方式组合而成的具有新的性能的材料，它可以发挥各种材料的优点，克服单一材料的缺陷，扩大材料的应用范围。复合材料并不神秘。稻草或麦秸增强黏土、钢筋混凝土、玻璃纤维增强塑料（玻璃钢）都是复合材料。复合材料由基体和增强体两部分材料组成。上述三种复合材料分别以黏土、水泥、合成树脂为基体，以稻草（麦秸）、钢筋、玻璃纤维为增强体，两部分有机连接构成一个整体。

　　考察复合材料的前世今生，可以知道复合材料是随着社会的进步、科技的发展而发展的，它的家族不断扩大，功能越来越优异，应用越来越广泛。复合材料使用的历史可以追溯到古代。稻草或麦秸增强黏土从古代使用至今，钢筋混凝土出现于 19 世纪，已使用上百年；20 世纪 40 年代，因航空工业的需要，出现了玻璃纤维增强塑料；20 世纪 50 年代以后，又陆续发展了碳纤维、石墨纤维和硼纤维等高强度和高模量纤维的复合材料；20 世纪 70 年代出现了芳纶纤维和碳化硅纤维的复合材料；当代，纳米材料和技术的兴起，使纳米复合材料的研究开发也成为新的热点。例如，纳米改性塑料可使塑料的聚集态及结晶形态发生了改变，使之具有新的性能，以它为复合材料基体，可以克服材料刚性与韧性难以相容的矛盾，大大提高材料的综合性能。

以高强度、高模量纤维作为复合材料的增强体，能与合成树脂、碳、石墨、陶瓷、橡胶等非金属基体，铝、镁、钛等金属基体很密切地复合，构成各具特色的复合材料。这些高强度、高模量的复合材料被称为先进复合材料。先进复合材料中具有特定物理性能（如导电、超导、磁性、阻燃、隔热）的复合材料，人们称之为功能复合材料。相对于先进复合材料，玻璃钢等就属于常见的复合材料。

现代社会高科技的发展离不开复合材料。复合材料的研究深度和应用广度及其生产发展的速度和规模，已成为衡量一个国家科学技术水平的重要标志之一。

8.1 复合材料的性能特点与应用

复合材料把组成它的各种材料的优点组合起来，取得了"1+1＞2"的优势，具有许多组成它的单一材料难以具备的优良性能。

（1）比强度（材料的强度除以密度的值）与比模量（材料的刚度除以密度的值）高。比强度和比模量是衡量材料承载能力的重要指标。比强度和比模量较高说明材料重量轻而强度和刚度大。

（2）纤维增强复合材料，纤维与基体间的界面能够有效地阻止疲劳裂纹的扩展，外加载荷由增强纤维承担。

（3）热塑性塑料与短切碳纤维构成的复合材料，耐磨性可增加数倍。

（4）纤维增强酚醛塑料化学稳定性优良，可长期在含氯离子的酸性介质中使用。用玻璃纤维增强塑料，可制造耐强酸、盐、酯和某些溶剂的化工管道、泵、阀及容器等设备。

（5）耐高温烧蚀性好。纤维增强复合材料中，除玻璃纤维软化点较低（700～900℃）外，其他纤维的熔点（或软化点）一般都在2000℃以上，用这些纤维与金属基体组成的复合材料，高温下强度和模量均有提高。玻璃钢具有极低的导热率，可瞬时耐超高温，可做耐烧蚀材料。

（6）工艺性与可设计性好。材料与构件可一次成型，调整增强材料的形状、排布及含量，可满足构件强度和刚度等性能要求。纤维增强材料具有各向异性，可按制件不同部位的强度要求设计纤维的排列。

例如，玻璃纤维复合材料，具有轻质、耐热、耐冲击、低热导等优良性能，是理想的军用隔热材料，也是宇宙飞船外壁的陶瓷隔热材料的原料。以树脂、金属、陶瓷为基体的复合材料，使用温度分别可达 250～350℃、350～1200℃和1200℃以上。强化陶瓷技术是将极精细的氧化锆粉末通过高压注入到模具内，然后在 1000℃以上的高温烧结炉内形成陶瓷零件。目前瑞士钟表品牌 Rado 的表带就是运用这种材料制造。陶瓷复合材料可制作防弹服、雷达天线上的气动天线罩。火箭上的特殊耐高温材料，很多也是用金属陶瓷复合材料制成的。

以碳纤维和碳化硅纤维增强的铝基复合材料，在 500℃时仍能保持足够的强度和模量。碳化硅纤维与钛复合，不但钛的耐热性提高，且耐磨损，可用作发动机风扇叶片（图 8-1）。碳化硅纤维与陶瓷复合，使用温度可达1500℃，比超合金涡轮叶片的使用温度（1100℃）高得多。这些材料，已用于航天器、火箭导弹和原子能反应堆中。

图 8-1　碳化硅纤维与钛复合制品

碳纤维增强碳、石墨纤维增强碳或石墨纤维增强石墨，构成耐烧蚀材料，已用于航天器、火箭导弹和原子能反应堆中。非金属基复合材料由于密度小，用于汽车和飞机可减轻重量、提高速度、节约能源。用碳纤维和玻璃纤维混合制成的复合材料片弹簧，其刚度和承载能力与比其重量大 5 倍多的钢片弹簧相当。

复合材料主要应用在以下几个领域：

（1）航空航天领域　由于复合材料热稳定性好，比强度、比模量高，可用于制造卫星天线及其支撑结构、太阳能电池翼和外壳、大型运载火箭的壳体、发动机壳体、航天飞机结构件（图 8-2、图 8-3）等。

图 8-2　火箭发动机的复合材料喷管

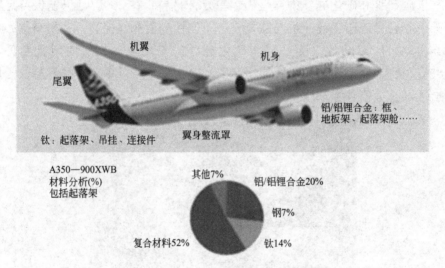

图 8-3　A350 飞机使用的复合材料占 52%

（2）汽车工业　汽车工业是复合材料最大的用户。由于复合材料具有特殊的振动阻尼特性，可减振和降低噪声，抗疲劳性能好，损伤后易修理，便于整体成形，故可用于制造汽车车身、受力构件、传动轴、发动机架及其内部构件。随着汽车工业的发展，人们对汽车性能要求的提高，复合材料在汽车制造中的应用不断扩展。例如，为降低发动机噪声，增加轿车的舒适性，正着力开发两层冷轧板间黏附热塑性树脂的减振钢板；为满足发动机向高速、增压、高负荷方向发展的要求，发动机活塞、连杆、轴瓦已开始应用金属基复合材料；为了使汽车成为"绿色汽车"，开始研究用植物纤维与废塑料加工而成的复合材料。此外，复合材料在北美已被大量用作托盘和包装箱，用以替代木制产品，研究可降解车用复合材料也成为国内外开发研究的重点。

(3) 化工、纺织和机械制造领域　有良好耐蚀性的碳纤维与树脂基体复合而成的材料，可用于制造化工设备、纺织机、造纸机、复印机、高速机床、精密仪器等。

(4) 医学领域　碳纤维复合材料具有优异的力学性能和不吸收 X 射线的特性，可用于制造医用 X 光机和矫形支架等。碳纤维复合材料还具有生物组织相容性和血液相容性，生物环境下稳定性好，也用作生物医学材料。此外，复合材料还用于制造体育运动器件和用作建筑材料等。

常用复合材料如玻璃钢，便是用玻璃纤维等性能较低的增强体与普通高聚物（树脂）构成，已广泛用于船舶、车辆、化工管道和贮罐、建筑结构、体育用品等方面。先进复合材料性能优良，价格相对较高，主要用于国防工业、航空航天、精密机械、深潜器、机器人结构件和高档体育用品等。

8.2　常见的复合材料——玻璃钢

玻璃钢是一种常见的玻璃纤维复合材料。其中玻璃纤维占其质量的 $60\%\sim70\%$，树脂占 $30\%\sim40\%$。玻璃钢浴盆、玻璃钢游艇就是用玻璃钢制造成型的。玻璃钢是以不饱和聚酯或环氧树脂、酚醛树脂为基体，以玻璃纤维或其制品作增强材料的复合材料。它质轻而硬、不导电、性能稳定、机械强度高、耐腐蚀，可以代替钢材制造机器零件和汽车、船舶外壳等。

玻璃纤维直径小（一般在 $10\mu m$ 以下），强度高，但纤维间处于松散状态，只能承受拉力，不能承受弯曲、剪切和压应力，不易做成固定的几何形状。用合成树脂把它们黏合在一起，组成的玻璃纤维增强的塑料基复合材料，既能承受拉应力，又可承受弯曲、压缩和剪切应力，可以做成各种具有固定形状的坚硬制品。它的强度相当于钢材，又含有玻璃组分，也具有玻璃那样的色泽、形体及耐腐蚀、电绝缘、隔热等性能。因此，被称为玻璃钢。

玻璃钢具有比较优越的性能。它的相对密度在 $1.5\sim2.0$ 之间，只有碳素钢的 $1/5\sim1/4$，可是拉伸强度却接近甚至超过碳素钢，比强度可以与高级合金钢相比。它对大气、水和一般浓度的酸、碱、盐以及多种油类和溶剂都有较好的抵抗能力。热导率低，只有金属的 $1/1000\sim1/100$，是优良的绝热材料，也是优良的绝缘材料。玻璃钢可设计性好，工艺性优良，可根据需要灵活地设计，通过一次成型制造出各种结构产品。

玻璃钢广泛使用于建筑行业、化学化工行业、汽车及各种交通运输行业。人们常见的玻璃钢门窗、波形瓦、快餐桌椅、建筑施工模板，化工行业使用的耐腐蚀管道、贮罐贮槽、安全帽及汽车壳体、各类游艇（图8-4）、救生艇都可以用玻璃钢制造。例如，喷气式飞机用它作油箱和管道，可减轻飞机的重量。登上月球的宇航员们使用的微型氧气瓶，也是用玻璃钢制成的。

图 8-4　用玻璃钢制造的游艇

　　玻璃钢弹性模量低（比木材大两倍，但比钢小 10/11），刚性不足，容易变形。剪切强度低，长期耐温性差，不能在高温下长期使用（一般只在100℃以下使用），在紫外线、风沙雨雪、化学介质、机械应力等作用下容易老化。这些缺陷限制了它的应用范围。

　　用高强度、质量上乘的碳纤维、硼纤维、芳纶纤维、氧化铝纤维和碳化硅纤维，取代玻璃纤维制造的树脂基复合材料应运而生，随着科技的发展和各个行业的需求，逐渐形成了新一代的先进复合材料。

8.3　先进复合材料及其应用

　　先进复合材料的基体可以是树脂、金属、陶瓷、聚合物、碳基，增强体可以是碳纤维、石墨纤维、硼纤维、芳纶纤维和碳化硅纤维等。先进复合材料可以作为结构材料，也可以作为功能材料。

8.3.1　碳纤维复合材料

　　碳纤维复合材料是新一代复合材料的佼佼者。它是以碳纤维为增强体的复合材料。

　　碳纤维（carbon fiber），就是由碳元素组成的纤维，含碳量高于90%。在微观上，碳纤维具有石墨烯的结构特点。它有很大的轴向强度和杨氏模量，具有耐超高温性、耐疲劳性和耐腐蚀性，以及良好的导电导热性能。它是采用合成有机纤维为原料，将有机纤维与塑料树脂结合在一起碳化制得的。用于制备碳纤维的有机纤维主要是聚丙烯腈纤维、沥青纤维、黏胶丝或酚醛树脂纤维等。制备过程简单地说，要先在200～300℃下在空气中加热，并施加一定的张力进行预氧化，然后在氮气（或氩气）保护下在1000～1500℃（或2000～3000℃）高温中碳化，制得含碳85%～95%（或98%以上）的高强度纤维。碳纤维具有一般碳素材料的特性，如耐高温、耐摩擦、导电、导热及耐腐蚀等，但与一般碳素材料不同的是，碳纤维的外形有显著的各向异性、柔软、可加工成各种织物，沿纤维轴方向表现出很高的强度（是铁的20倍左右）。

　　碳纤维与树脂、金属、陶瓷等基体复合而成的复合材料，其强度现有材料无一能超越，是一种力学性能优异的新材料。它的密度比铝还要小（图8-5），具有良好的耐疲劳性能、抗腐蚀性和耐水性。它还具有不同于其他纤维的热学性能，热膨胀系数具有各向异性。碳纤维复合材料从20世纪50年代初开始应用在航空航天领域。火箭工程师发现太空梭重量每减少1kg，就可使运载火箭减轻500kg燃料。飞机重量的减轻也可以节省油耗并提高航速。美国JSF先进战斗机上的碳纤维复合材料已占全机重量的25%，占机翼重量的33%。随着科技的发展，碳纤维复合材料的生产技术不断进步、成本也越来越低。除了前述的应用之外，也广泛应用于体育器械（如网球

图8-5　用碳纤维复合材料制造的汽车车架

拍、自行车)、纺织、化工机械及医学领域。笔记本电脑品牌厂商 IBM 很早就采用了碳纤维复合材料作为笔记本电脑的外壳材料。IBM 工程师的研究数据显示碳纤维的强韧性是铝镁合金的两倍，而且散热效果最好。由于碳纤维复合材料是一种导电材质，因此可起到类似金属材料的遮罩作用（ABS塑胶外壳则需要另外镀上一层金属膜作为遮罩）。采用碳纤维复合材料还有一个好处：其表面油性圆珠笔、油性水笔等留下的痕迹可被轻松抹掉。从种种特性来看，碳纤维复合材料完全有望取代传统塑胶外壳的材料，不过其最大的缺点是目前碳纤维材料的生产成本仍十分昂贵。

以碳纤维增强树脂基复合材料是新型碳纤维复合材料的代表。碳纤维复合材料与钢材相比，密度小、强度高、耐热性好，抗热冲击性强，热膨胀系数低，热容量小，有优秀的抗腐蚀与抗辐射性能。它的最早、最成熟的应用就是在航空航天领域，如军用飞机、无人战斗机及导弹、火箭、人造卫星等。早在 20 世纪 70 年代初期，美国军用 F-14 战斗机就部分采用碳纤维复合材料作为主承力结构。在民用航空领域，如波音 767 和空中客车 A310中，碳纤维复合材料也占到了结构质量的 3% 和 5% 左右。以碳纤维与环氧树脂复合的材料，比强度和比模量比钢和铝合金大数倍，具有优良的化学稳定性，耐磨、耐热、耐疲劳，电绝缘性好。石墨纤维与树脂复合可得到热膨胀系数几乎为零的材料。以碳纤维和碳化硅纤维增强的铝基复合材料，在500℃时仍能保持足够的强度和模量。

8.3.2　现代玻璃纤维复合材料

现代玻璃纤维复合材料已经使用了高强度玻璃纤维、石英玻璃纤维和高硅氧玻璃纤维。石英玻璃纤维二氧化硅含量在 99% 以上，高硅氧玻璃纤维二氧化硅含量在 96% 以上，而普通的玻璃纤维二氧化硅含量在 56% 左右。玻璃中二氧化硅含量决定了纤维的熔化点。石英玻璃纤维的熔化点在1900℃，高硅氧玻璃纤维的熔化点在 1700℃，普通玻璃纤维熔化点只有650℃。因此高硅氧玻璃纤维是石英玻璃纤维的最佳替代材料。

石英玻璃纤维及高硅氧玻璃纤维属于耐高温的玻璃纤维，是比较理想的耐热防火材料，用其增强酚醛树脂可制成各种结构的耐高温、耐烧蚀的复合材料部件，大量应用于火箭、导弹的防热材料。高强度玻璃纤维复合材料不仅应用在军用产品方面，近年来民用产品也有广泛应用，如防弹头盔、防弹服、直升机机翼、预警机雷达罩、各种高压压力容器、民用飞机直板、体育用品、各类耐高温制品以及近期报道的性能优异的轮胎帘子线等。

8.3.3 树脂基复合材料

树脂基复合材料可以使用热固性树脂或者热塑性树脂为基体，以各种高强度合成纤维为增强体。图 8-6 是一些树脂基复合材料的制品。

图 8-6 树脂基复合材料制品

热固性树脂如不饱和聚酯树脂、环氧树脂、酚醛树脂、乙烯基酯树脂等均可作为复合材料的基体，玻璃纤维、碳纤维、芳纶纤维、超高分子量聚乙烯纤维可以作为增强体。酚醛树脂具有耐热性、耐摩擦性、机械强度高、电绝缘性、耐酸性优异、低发烟性等特点，因而在复合材料产业的各个领域得到广泛的应用。

增强体中，超高分子量聚乙烯纤维的比强度在各种纤维中位居第一，尤其是它的抗化学试剂侵蚀性能和抗老化性能优良。它还具有优良的高频声呐透过性和耐海水腐蚀性，许多国家已用它来制造舰艇的高频声呐导流罩，大大提高了舰艇的探雷、扫雷能力。除在军事领域，在汽车制造、船舶制造、医疗器械、体育运动器材等领域超高分子量聚乙烯纤维也有广阔的应用前景。该纤维一经问世就引起了各国的极大兴趣和重视。

20 世纪 80 年代热塑性树脂基复合材料得到了发展。根据使用要求不同，树脂基体主要有 PP、PE、PA、PBT、PEI、PC、PES、PEEK、PI、PAI 等热塑性工程塑料，纤维种类包括玻璃纤维、碳纤维、芳纶纤维和硼纤维等一切可能的纤维品种。滑石粉增强 PP 在车内装饰方面有着重要的应用，如用作通风系统零部件、仪表盘和自动刹车控制杠等，例如美国 HPM

公司用 20％滑石粉填充 PP 制成蜂窝状结构的吸音天花板和轿车的摇窗升降器卷绳筒外壳。

8.3.4 甲壳素蛛丝蛋白复合塑料的研制

塑料制造的各种日用品和薄膜，给人们的生活带来极大的方便，但废弃塑料造成的环境问题也让人头痛。遥远的海洋漩涡中卷集了塑料垃圾；海洋底沉积了大量的塑料垃圾；就连喜马拉雅山脉海拔 8000m 以上的"死亡地带"也有塑料垃圾，多到不得不请求登山探险队员每人每次义务清理数千克的地步。然而，我们现在还摆脱不了对塑料的依赖，还没一种材料能像塑料那样柔软、便宜、有强度。在未来的很多年间，人类还会使用塑料，塑料还会在这个世界存在。科学家一直在研究生产可生物降解的塑料，但是，由于种种原因，可降解塑料的市场占有率仍然很低。

经过多年的努力，美国哈佛大学仿生工程研究所的科学家，想到了甲壳素。甲壳素广泛存在于虾、蟹、昆虫等动物的外壳中，是地球上含量第二丰富的天然有机高分子。他们将甲壳素与蜘蛛丝蛋白结合，制成了不溶于水的纤维状蛋白复合材料。它的坚韧度胜过甲壳素，可通过调节含水量而调高或调低其坚韧度；它的可塑性堪比铝合金，容易铸模成型；它具有可降解性，在潮湿的地方，微生物能在几星期时间内将其降解，变成肥料；它不会燃烧，可用作阻燃剂；它很有弹性。为了提高甲壳素蛛丝蛋白复合塑料的可塑性，他们采用壳聚糖（从甲壳素转化来的化合物）为原料，以生产塑料制品的常用方法成功地制造了一副国际象棋，验证了甲壳素蛛丝蛋白复合塑料的实用性。并希望以此代替塑料，制造各种精致的日用品，如儿童玩具、各种瓶子、手机零部件、薄塑料袋等。

8.3.5 智能材料的研发

智能材料是功能复合材料。它能够模仿生命系统、感知环境变化，实时改变自身性能参数，与变化后的环境相适应。

智能材料所具备的一个重要功能就是自修复。自修复材料在没有外界作用条件下，能对内部缺陷进行自我恢复。材料在使用过程中不可避免地会产生局部损伤和微小裂纹，引发宏观裂缝而发生断裂，影响材料正常使用和缩短使用寿命。如果材料能模仿生物体损伤愈合的原理，对内部或者外部损伤能够进行自我修复，就能增强材料的强度，延长使用寿命，提高材料的利用率。人们一直梦想用自修复材料制造汽车、桥梁，以及各种日用家具。如果汽车外壳是自我修复材料，能自我修复刮痕，不需再次喷漆；如果沙发座椅的外包装材料可以自我修复，永远可以不用织补；如果大桥桥墩和桥梁能自我修复、自我翻新，如果飞机的机翼和机身能不断自我更新，永不磨损和锈蚀，在保障安全的基础上，将节省许多人力物力。

自修复需要能量和物质的补给。例如，通过加热方式向体系提供能量，使其发生结晶、在表面形成膜或产生交联等作用实现修复；或者在材料内部分散或复合一些功能性物质（主要是含有化学物质的纤维或胶囊），通过这些物质和材料间的作用，实现自我修复。随着科技的发展，特别是空心技术的发展，自修复材料的开发研究，不断有新的成果涌现。

（1）自修复的混凝土材料　它是以水泥为基体，在加入钢丝短纤维组成复合材料的同时，嵌入玻璃空心纤维，在玻璃空心纤维中注入缩醛高分子溶液。经过分层浇注、固化、养护制得成品。当基体出现裂纹时，就会有部分纤维管破裂，修复剂流出，经一段时间后，裂口处可重新黏合。

（2）金属磨损自修复材料　它是一种具有复杂组分的超细粉体组合材料。主要构成的成分是羟基硅酸镁等矿物、某种添加剂和催化剂，组分的粒度为 $0.1 \sim 10$ mm。在互相接触、且工作时会产生摩擦的两个金属器件间摩擦面上，常会使用各种类型的润滑油或润滑脂。把这种自修复材料添加到润滑油或脂中，修复材料的超细粉粒不与油品发生化学反应，不改变油的黏度和性质，也无毒副作用。器件工作时，它会附着在金属器件的摩擦面上，实现对零件摩擦表面几何形状的修复，使零件恢复原始形状，优化配合间隙。

（3）近来，美国研究人员还研制出一种新材料，不仅能感知组织材料中的损伤（如纤维增强复合材料中的裂纹），而且能修复它。他们用形状记忆高分子材料，并结合嵌入式光导纤维网络，研制出了一种新奇的自修复材料。该材料具备损伤探测传感和热刺激传递系统的功能。通过模拟人类骨骼的高等感知能力和增强修复功能，一束红外激光经光导纤维系统传播使材料局部变热，即可激发增强与修复机制。该材料系统可将样本的强韧度提高11倍。增强样本一旦发生断裂，能通过形状记忆自动愈合，强韧度能恢复到原来的96％，这是前所未有的程度。

（4）自修复高分子材料　美国工程师斯科特·怀特是最早研究具有自修复能力的高分子材料的科学家之一。2001年，怀特研制了一种类似塑料的材料。它由很多微型胶囊构成，一旦某处出现裂痕或空洞，里面的微型胶囊就会破裂，向破损处释放具有修复作用的试剂，使裂痕得到修复，材料再次聚合。怀特将这项技术产业化，做成涂层，用来保护各种设备，从桥梁到直升机旋翼，使其免遭恶劣环境的侵害。2016 年，美国和日本的研究人员合作，共同开发出一种聚合物，经紫外线照射，不仅能多次自我修复，还可让完全分离的碎片重新长在一起。这种新型聚合物材料是由三硫代碳酸盐交叉连接而成。碳原子和三个硫原子结合在一起，其中的两个硫原子的第二个键位又跟其他碳原子形成共价键而结合，这样形成的整体结构具有一种特殊性质：在紫外光照射下，三硫代碳酸盐中的一个碳-硫键会断裂，生成两个拥有一个不成对自由电子的分子。这种基团非常活泼，很容易跟其他的三硫代碳酸盐发生反应形成新的碳—硫键，从而打破分子中的其他化学键，产生更多更自由的基团。这种链式反应会一直进行，直到两个基团根再次互相反应，使修复后的材料既强韧又稳定。将切开的两块聚合材料的边缘紧密地压在一起，用紫外线照射，边缘处会通过基团的重组而长在一起。还有一种叫聚六氢三嗪的高分子材料（PTH），可以制成固体，也可以制成液态胶水。它与碳纳米管等超强材料结合在一起，可以替代金属做汽车的零配件，也可以用来生产特殊的指甲油。这种指甲油女士涂上以后不会褪色，不怕磨损。

自修复材料一直是科学研究的重点。真正能商业化的自修复高分子材料目前并不多见，不过，一些实验室研发的新材料，已经显示出自修复的潜力。除了电子设备的修复之外，自修复材料还可广泛应用于医疗、军事及可穿戴设备等领域，影响我们的日常生活。这种材料有趣而又顽强，能为科技进步、发展提供极大的助力。随着研究的不断深入，具有自感知自修复功能的智能材料会越来越多。

目前绝大多数自修复高分子材料只能修复很小的裂纹或凹痕，宽度大概 $100\mu m$，相当于一根头发丝的直径。2014 年年初，怀特的研究团队宣布发明了一种可修复 3cm 宽裂痕的材料。这种材料内布满很细的管道，里面含有化学前体物质：一种黏性物质能迅速凝结而堵住裂缝，弹性高分子物质则起到加固作用。目前这种材料实现大规模生产还有很长的路要走。不过，在科学家的不懈努力下，10 年内有可能制造出第一种实用的修复大尺寸裂纹的自修复材料。研究人员也把更长远的目标锁定在能够完全自我再生的材料上。怀特说："人的骨头不断在更新，7 年全部更新一遍。想象一下，如果能造出一个可以自我更新的工程结构件，将是何等神奇！"怀特认为，这需要一些智能的、可逆的化学反应帮忙。在这些化学反应中，一部分高分子聚合物的化学键断裂，而另一部分则在重建，始终处于破坏-重建-加固的动态过程中。实现这一过程，则需要智能材料的结构中有适当的处于亚稳态的起始物质，这样才能制造出像骨头那样可以代谢的高分子材料。想使用如此完美的材料，不得不说为时尚早。"还有很多科学上的硬骨头要啃"，怀特鼓励大家，"但我们要有远大的梦想。"

  复合材料的发展变迁，无可辩驳地说明材料的发展变迁，和人们对物质组成、结构和化学变化的了解密不可分。利用化学方法可以获得传统工艺和方法无法得到的性能优异的材料，为满足现代高新技术、新兴产业和传统工业技术改造的需要，提供了强大的支撑。

9

纳米技术与材料构建的剧变

纳米 (nm) 是一个非常小的长度单位, $1nm = 10^{-9}m$。人的头发丝的直径是 50000nm, 原子、分子半径的数量级是 $10^{-10}m$, 在 0.1nm 到几个纳米之间。由此可以想见纳米是多么微小的度量单位。不过, 现代人口头上的"纳米", 已经蕴含了"纳米材料""纳米技术""纳米科学"的意思, 几乎要让它原有的含义被淡忘了。纳米材料、纳米技术已经进入生产、生活的方方面面。许多商家想用"纳米"修饰自己商品的商标, 说明自己的商品在生产、制造上具有高技术标准, "纳米镀膜"、"纳米衣料"、"纳米清洁用品"、"纳米涂料"等不胜枚举。

9.1 纳米科学、纳米技术和纳米材料

在科学家眼里, 纳米材料、纳米技术和纳米科学是紧密联系在一起的。纳米科为新物质的创造打开了一个新天地: 可以不用"从大到小"的方式, 把宏观物质割裂、切削, 加工改造成一小件产品; 而可以直接以分子、原子在纳米尺度上, 制造具有该特定功能的产品, 实现生产方式的飞跃。

纳米科学研究什么? 纳米技术是什么样的技术? 纳米材料是怎样的材料?

"纳米"一词真正被世界关注始于 1959 年 12 月的一天。这一天, 在美国物理学会上, 理论物理学家理查德·费因曼在他的专题报告中提出, 制造物品可以以单个分子甚至原子为基本单位进行组装、达到设计要求。他提到也许有一天人们会造出仅由几千个原子组成的微型机器。1984 年, 德国的

科学家首先研制出纳米颗粒，并用它烧结成纳米固体材料。纳米颗粒的粒径一般在 1～100nm 之间，粒度介于原子簇和超细微粒间，处于宏观物体和微观粒子交界的过渡区域。纳米材料是指晶粒和晶界等显微结构都达到纳米级尺度的材料。

1986 年，美国工程师——埃里克·德雷克斯勒（后来他被人称为纳米技术之父，图 9-1）用更为通俗和形象的描述将 27 年前理查德·费因曼的思想表述得更加清楚。他说："我们为什么不制造出成群的、肉眼看不见的微型机器人，让它们在地毯上爬行，把灰尘分解成原子，再将这些原子组装成餐巾、肥皂和电视机呢？这些微型机器人不仅是一些只懂得搬原子的建筑'工人'，还具有绝妙的自我复制和自我维修能力，它们同时工作，因此速度很快而且廉价得令人难以置信。"

图 9-1　埃里克·德雷克斯勒

1986 年，德雷克斯勒在他出版的著作《创造的发动机》中，设想了纳米技术给人类生活的方方面面带来革命性变革的潜力，预计将在未来的太空探索事业中占据重要地位。碳纳米管（强度超过钢的材料）可能会在连接地球和太空的"太空梯"建设中发挥重要作用。

一些科学家随后开始进行试验性研究。1989 年，IBM 公司实验室的科学家首先用一台扫描隧道显微镜分别搬移了 35 个氙原子，拼装成了"IBM"三个字母的标识（图 9-2），后来又用 48 个铁原子排列组成了汉字"原子"两字。40 年后，美国西北大学的化学教授查德·米尔金利用一台纳米级的设备把费因曼演讲的大部分内容刻在了一个大约只有 10 个香烟微粒大小的表面上。过去被认为异想天开的操纵原子、分子，制造产品的梦想，变成了一项严肃认真的研究工作，由此形成并发展成为纳米科学和纳米技术。

21 世纪以来，一些科学家的分子机器研究的成果，也支持了埃里克·德雷克斯勒提出的纳米系统的设想。例如，波士顿一位教授，用 78 个原子

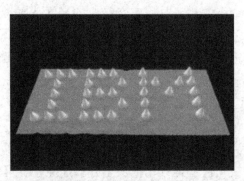

图 9-2　用扫描隧道显微镜拼装的 "IBM" 字母标识

制造了一个化学驱动马达。他的研究成果登上了《自然》（Nature）杂志。荷兰的一位大学教授，用 58 个原子创造了太阳能马达。《每日邮报》2010年 5 月 13 日报道，美国哥伦比亚大学科学家成功研制出一种由 DNA 分子构成的 "纳米蜘蛛" 微型机器人。它们能够跟随 DNA 的运行轨迹自由地在二维物体的表面行走、移动、转向和停止。这种 "纳米蜘蛛" 机器人的大小仅有 4nm，比人类头发直径的十万分之一还小。该 "纳米蜘蛛" 机器人的发明是对几年前 "蜘蛛分子" 机器人的改进与升级，其功能更加强大。这种纳米机器人能行走 50 步，距离达到 100nm，它还能吞食面包碎屑。

　　纳米机器人可以用于医疗事业，帮助人类识别并杀死癌细胞以达到治疗癌症的目的，还可以帮助人们完成外科手术，清理动脉血管垃圾等。科学家已经研发出制造这种机器人的生产线。

　　科学家的研究实践，是纳米科学、纳米技术形成的基础，是纳米材料得以问世并不断丰富的驱动力。化学和生物学研究分子的改变和重排，是纳米科学的基础。纳米材料的尺度和我们在化学中研究的胶体颗粒的直径大致吻合。化学科学的胶体化学，是化学科学中比较成熟的部分。化学家研究胶体体系主要关注它的物理特性、胶体体系制备的化学方法和物理方法、胶体体系的稳定性，很少涉及胶粒本身的研究，没有从特殊材料的视角作研究。但是，化学家在分子层面上进行分子设计和合成的研究，物理学家发明和制造出来的能够研究和操纵微小粒子的技术，为纳米科技的发展奠定了基础。

　　纳米技术是在纳米尺度范围内对原子、分子进行操纵和加工的技术，它是一项在各个领域都广泛应用的技术。不同研究领域和不同研究人员对纳米技术的内涵看法不完全相同。

　　(1) 部分科学家认为，纳米技术是在 0.1～100nm 尺度上对物质（存在的种类、数量和结构形态）进行精确地观测、识别与控制的研究与应用的高新技术。他们认为，纳米技术的最终目标是直接以分子、原子在纳米尺度上，"从下到上"地制造具有该特定功能的产品，实现生产方式的飞跃。

人类从旧石器时代就习惯于"自上而下"的制造方法——从古代人磨尖石块制造箭头到现代的刻录光盘制造，都是以切削、分割材料、组装零件的方式来构建人造物件。纳米科学、纳米技术的出现，打破了人类自古以来便遵循的"自上而下"的制造方式，发明了反其道而行之的方法。运用自然创造万物的方式，采用"从下到上"的加工方式，从控制原子、分子的组合、连接着手，把制造的大量分子聚集起来，制造需要的物件，从"零"开始制造几乎任何东西。例如，科学家设想用特殊的机器把天然碳的分子逐个排列，制成完美无瑕的钻石；将二噁英分子分解成基本组件；制造可以在人体血液中运动的装置，用它发现、分解血管壁上沉积的胆固醇；制作纳米摩擦发电机，将它设在内胸腔上，可以用人的心肌活动来驱动心脏起搏器；制造出网球般大小的摩擦发电机，投入大海，利用水流波动能量发电，大量的摩擦发电机发挥规模效应，可为我们提供电能……

(2) 有些科学家认为纳米技术是微加工技术的极限。它是在纳米精度范围内进行"加工"，形成纳米大小结构的技术。无论是用"从上到下"还是"从下到上"的方法，在纳米层面上进行物质研究和制造的方法，都属于纳米技术。半导体微型化，在一片小小的芯片上制造出数十万乃至数亿个晶体管，就是这种技术的一个例子。目前，半导体微型化即将达到极限。电路的线幅变小，会使构成电路的绝缘膜的厚度变得极薄，这将破坏绝缘效果。此外，器件的发热和晃动问题也难以解决。从理论上说，用一个或若干个原子制造晶体管，是不可能的，因此要寻找新的技术。又如，利用纳米技术可以制造出一种汽油微乳化剂，加入汽油能改造汽油的品质，最大限度地促进汽油的燃烧，可降低10％～20％的油耗，动力性能也将增加25％，而且尾气中的污染物排放也会降低50％～80％。

(3) 一些科学家从生物科学角度看待纳米技术。细胞和生物膜内原本就存在纳米级的结构。微小的生物分子只有几纳米大小，遗传基因的DNA螺旋结构半径是1nm左右，一个典型的病毒大约有100nm长。科学家认为，细胞本身就是"纳米技术大师"，细胞就是能完成独特任务的"纳米机器"。它们不仅可以将食物转变成能量，还能根据DNA上的信息制造并输出蛋白质和酶，通过将不同物种的DNA重新组合，在微观世界里极其精确地制造物质。科学家希望通过对细胞的研究来进一步掌握纳米技术。例如，纽约大学一个实验室从生物学的角度出发，研究如何制造新的纳米装置，最近研制出了一个纳米级机器人，机器人有两个用 DNA 制作的手臂，能在固定的位置间旋转。

(4) 部分科学家认为，"纳米技术不是小尺寸技术的延伸"，它并非如一些人想的那样，只是以制造出纳米尺度的人造机械为目的（尽管我们现在连这一步都做不到），甚至不是制造出那些令人神往的纳米机器人。如同德雷克斯勒指出的"它根本不该被看作是技术，而是一场认知的革命"。一些科学家认为，纳米科学和纳米技术的出现，会使人在几个根本问题的认识上，发生很大的冲击：物质和信息的界限、生物和非生物的差异、意识和物质的界限。

(5) 还有一些科学家认为，纳米技术同其他科学技术一样，也是一把双刃剑。美国著名的计算机科学家比尔·乔伊曾经指出：纳米技术极可能成为吞噬整个宇宙的癌症，因为我们难以保证，某一天神奇的纳米盒子就会变成潘多拉的盒子，成千上亿的纳米机器人就会将人类和这个世界作为它们制造"产品"的原料。还有一些科学家指出，纳米材料特别是有机和金属材料都存在环境、卫生、安全等问题；此外它的废弃物的处理也比较棘手。

当前，纳米技术已成为各国关注的焦点。正如钱学森院士所预言的那样："纳米左右和纳米以下的结构将是下一阶段科技发展的特点，会是一次技术革命，从而将是 21 世纪的又一次产业革命。许多科学家认为纳米技术的发展，将引起一场产业革命，它为信息科学、生命科学、分子生物学、新材料科学、生态系统以及军事领域等的发展提供了一个新的技术基础。"纳米科技的研究，从纳米颗粒、碳纳米管、量子点、纳米线、石墨烯，再到纳米发电机依次深入。在人们的认识上，也从探究纳米有多么神奇，发展到探讨纳米能解决什么问题，在哪些领域可以实现哪些应用。

9.2 纳米技术研究的工具

要运用纳米技术进行研究和制造，要有操控一个或若干个原子、分子的工具。目前，纳米技术的研究工具主要有电子扫描隧道显微镜（STM）及其变体、DNA 分子。

(1) 电子扫描隧道显微镜（图 9-3） 它是 1981 年由格尔德·宾宁以及亨利希·罗勒在 IBM 的苏黎世实验室发明的。他们因此获得 1986 年诺贝尔

图 9-3　电子扫描隧道显微镜

物理学奖。扫描隧道显微镜可以让科学家观察和定位单个原子，在低温下可以利用探针尖端精确操纵原子，因此成为纳米科技的重要测量和加工工具。

　　扫描隧道显微镜可以看成是"纳米起重机"，可以用它在材料表面移动、拖曳原子或分子，精确地放置在特定的位置上。上文提到的 IBM 公司实验室用 35 个氙原子拼装"IBM"三个字母的标识、用 48 个铁原子排列组成了汉字"原子"两字所用的工具就是扫描隧道显微镜。1999 年，美国科学家首次将铁原子和一氧化碳分子放置在真空状态下、13K（－260℃）的银片表面，利用扫描隧道显微镜进行扫描定位，将一氧化碳分子吸附在扫描隧道显微镜的探针尖上，移动到铁原子上，靠他们间的作用力，结合生成新的分子——羰基铁 [Fe(CO)]。后来他们又在第二阶段，重复操作，向 Fe(CO) 分子上添加第二个一氧化碳分子，生成 $Fe(CO)_2$ 分子。

　　（2）DNA　DNA 可以成为纳米技术研究和制作工具，在纳米尺度上进行复制和装配。DNA 是生物体中存在的分子，可以从环境中选择特定的核苷酸，用于建造机体生存必需的具有精确结构的 RNA 和蛋白质分子；还具备非常可靠的精确的自我复制能力。把 DNA 分子作为纳米技术工具的带头人，是上文介绍过的纽约大学的两位教授，他们用 DNA 制作出能在固定的位置间旋转的纳米机器人的手臂，这个机器人手臂由两条双交叉的 DNA 分子链构成，分子链的结合处十分结实。据 2003 年末的报道，以色列理工学院将 DNA 和蛋白质分子制成一个简单的纳米晶体管，他们使用的主要材料是一条双链 DNA、一条单链 DNA 和若干个蛋白质分子。

9.3 纳米材料的特性及其应用

纳米材料是由纳米尺度的微粒组成的材料。在自然界里存在天然的纳米材料。现代生产生活中应用的纳米材料，大都是人工制造的。不过，研究发现，我国春秋战国到三国期间制成的一种古铜镜的表面层是由纳米晶体 $Sn_{1-x}Cu_xO_2$ 组成的，当然，那是人们在不知不觉的情况下制成的。

细胞和生物膜内原本就存在纳米级的结构。科学家已经发现某些生物体内存在天然纳米材料。比如，在美国佛罗里达州的海边产卵的海龟，所产的卵孵出来的幼小海龟，会游到英国附近的海域寻找食物，生存和长大。长大的海龟还要再回到佛罗里达州的海边产卵，来回约需 5~6 年。海龟能够进行几万千米的长途跋涉，靠什么引导方向？研究发现它们依靠的是头部存在的纳米磁性材料为它们导航。生物学家在研究鸽子、海豚、蝴蝶、蜜蜂等生物为什么从来不会迷失方向时，发现这些生物体内也存在着某种纳米材料，可以为它们导航。

纳米微粒有许多奇异的物理、化学性质，在熔点、蒸气压、光学性质、化学反应性、磁性、超导、塑性形变、吸收和吸附等许多方面都显示出特殊的性能。这是由于纳米材料的微粒尺寸处于纳米级，产生了体积效应、表面效应、量子尺寸效应、宏观量子隧道效应等一系列效应，使纳米材料有奇特的物理、化学和生物学特性。

例如，纳米材料的熔点特别低。块状金的熔点是 1064℃，纳米金只有 330℃。利用这一特性，可以在低温条件下把各种金属烧结成合金，把互不相熔的金属冶炼成合金。又如，纳米粒子尺寸小、表面原子数迅速增加，纳米粒子的表面积、纳米粒子表面原子与总原子数之比随着粒径的变小而急剧增大。当纳米微粒直径是 5nm 时，组成材料的原子有一半分布在界面上，因此表面的体积分数、表面能迅速增加。由于表面原子的晶体场环境和结合能与内部原子不同，表面的化学键状态和电子态与颗粒内部不同，表面原子周围缺少相邻的原子，有许多悬空键，具有不饱和性质，导致表面的活性位置增加，易于与其他原子结合而稳定下来，因而表现出很大的化学催化活性。如镍或铜锌化合物的纳米粒子是某些有机物氢化反应的高效催化剂，可替代昂贵的铂或钯催化剂；纳米铂黑催化剂可以使乙烯的氧化反应的温度从 600℃ 降低到室温；用纳米镍粉作为火箭固体燃料的反应催化剂，可以使燃烧效率提高 100 倍。

纳米材料可以制作成纳米块体、纳米粉、纳米膜、纳米纤维；利用纳米材料的各种特性制造的纳米陶瓷、纳米半导体、纳米超导材料、纳米塑料、纳米医用材料，已经得到广泛应用。

9.3.1 纳米粉、纳米块、纳米膜和纳米纤维

粒度在 100nm 以下的纳米颗粒称为纳米粉末（超微粉或超细粉，图 9-4）。它是一种介于原子、分子与宏观物体之间的固体颗粒材料。用具有十分特别的磁学性质的纳米粉末制造的磁性记录材料不仅音质、图像和信噪比好，而且记录密度高。超顺磁的强磁性纳米颗粒还可制成磁性液体。用半导体纳米粒子可以制备出光电转化效率高、在阴雨天也能正常工作的新型太阳能电池。具有催化作用的半导体纳米粒子受光照射时产生的电子和空穴具有较强的还原和氧化能力。它可以催化分解无机物和有机物，使有毒无机物氧化，使大多数有机物降解，把它们转化为无毒、无味的二氧化碳、水等物质。采用纳米材料技术对机械关键零部件进行金属表面纳米粉涂层处理，可以提高机械设备的耐磨性、硬度和使用寿命。

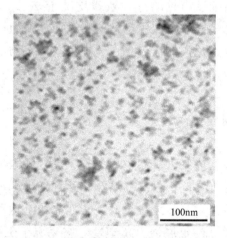

图 9-4 纳米粉末

纳米粉末高压成型或控制金属液体结晶而得到的纳米晶粒材料，称为纳米块体。纳米块体可作为微芯片导热基片与布线材料、光电子材料、先进的电池电极材料。在合成纤维树脂中添加纳米 SiO_2、纳米 ZnO、纳米 SiO_2 复配的纳米粉体材料，经抽丝、织布，可制成杀菌、防霉、除臭和抗紫外线辐

射的内衣、用品，可制得满足国防工业要求的抗紫外线辐射的功能纤维。

　　纳米颗粒粘接在一起，可以形成中间有极为细小的间隙的颗粒膜、也可以形成膜层致密的致密膜。纳米膜可用作气体催化反应（如汽车尾气处理）材料、过滤器材料、光敏材料、平面显示器材料、超导材料等。有一种功能独特的纳米膜，能够探测到由化学和生物制剂造成的污染，并能够对这些制剂进行过滤，从而消除污染。

　　纳米纤维是直径为纳米尺度而长度较大的线状材料。可用作微导线、微光纤（未来量子计算机与光子计算机的重要元件）材料、新型激光或发光二极管材料等。2017 年下半年，英国皇家化学会《材料化学期刊 A》上公布了中国科学院上海硅酸盐研究所研究员朱英杰带领的科研团队的一项纳米线的制造和应用成果。他们利用新型羟基磷灰石超长纳米线制成可用于高效清除空气 $PM_{2.5}$ 细颗粒物的新型过滤纸。制造这种过滤纸的纳米线之间可自组装形成三维网络纳米多孔结构，表面吸附能力强，可有效拦截、吸附和过滤空气 $PM_{2.5}$ 细颗粒物，过滤效率高。该团队采用羟基磷灰石超长纳米线与植物纤维复合，形成了多级复合孔道结构，在保持高过滤效率的同时，大大提高过滤纸的透气性。这种新型过滤纸生物相容性好、环境友好、无毒无害、有柔韧性。这种过滤纸在中度、重度、严重污染等不同程度的空气污染环境中，对 PM_{10}、$PM_{2.5}$ 细颗粒物的过滤效率均高于 95%，并且具有良好的透气性，还可长时间和多次重复使用。把这种过滤纸作为核心过滤材料嵌入日常过滤口罩中，可以避免人们在雾霾天气中吸入有害物质；此种材料还有望作为高效滤芯材料应用于空气净化器、空调等产品中。

9.3.2　纳米陶瓷

　　往陶瓷中加入或生成纳米级颗粒、晶须、晶片纤维等，对现有陶瓷进行改性，使晶粒、晶界以及他们之间的结合都达到纳米水平，可以得到纳米陶瓷。纳米陶瓷的晶粒尺寸小，晶粒容易在其他晶粒上运动，因此具有极高的强度和高韧性以及良好的延展性、超塑性。它克服了工程陶瓷的许多不足，使陶瓷具有像金属一样的柔韧性和可加工性。纳米陶瓷材料在次高温下加工成型，然后做表面退火处理，可以使之成为一种表面保持常规陶瓷材料的硬度和化学稳定性，而内部仍具有纳米材料的延展性的高性能陶瓷。

　　航天用的氢氧发动机中，燃烧室的内表面需要耐高温，其外表面要与冷却剂接触。因此，内表面要用陶瓷制作，外表面则要用导热性良好的金属制作。科学家使金属和陶瓷接触面上的两种成分逐渐地"靠拢"，使两种材料接触部分的成分像一个倾斜的梯子那样变化，让金属和陶瓷最终能结合在一起，形成"倾斜功能材料"。当用金属和纳米陶瓷颗粒按其含量逐渐变化的要求混合后烧结成形时，就能得到燃烧室内侧耐高温、外侧有良好导热性的陶瓷。

用纳米二氧化锆、氧化镍、二氧化钛制成的纳米陶瓷对温度变化、红外线以及汽车尾气都十分敏感。可以用它们制作温度传感器、红外线检测仪和汽车尾气检测仪。这几种仪器的检测灵敏度比普通的同类陶瓷传感器高得多。

9.3.3　纳米超导材料

碳纳米管（图 9-5）和纳米丝可能成为新型的超导体。碳纳米管是 1991 年日本科学家首次制备出的一种材料。它是由许多六边形的环状碳原子组合而成的一种管状物，还可以把同轴的几根管状物套在一起。这种单层和多层的管状物的两端常常都是封闭的，其直径和管长的尺寸都是纳米量级的。它的抗张强度比钢高出 100 倍，导电率比铜还要高。在空气中将碳纳米管加热到 700℃ 左右，使管子顶部封口处的碳原子因被氧化而破坏，成了开口的碳纳米管。然后用电子束将低熔点金属（如铅）蒸发后凝聚在开口的碳纳米管上，由于虹吸作用，金属便进入碳纳米管中空的芯部。由于碳纳米管的直径极小，因此管内形成的金属丝也特别细，被称为纳米丝，它产生的尺寸效应是具有超导性。

图 9-5　碳纳米管

9.3.4　纳米材料在医药制造和医疗领域中的应用

应用纳米技术可以使药品生产过程越来越精细，还可以实现直接利用原子、分子的排布制造具有特定功能的药品。纳米材料使药物在人体内的传输更为方便，用数层纳米粒子包裹的智能药物进入人体后可主动搜索并攻击癌细胞或修补损伤组织。使用纳米技术的新型诊断仪器只需检测少量血液，就能通过其中的蛋白质和DNA诊断出各种疾病。在纳米粒子表面进行修饰，形成一些靶向、可控释放、便于检测的药物传输载体，为身体的局部病变的治疗提供新的方法，为药物开发开辟了新的方向。在人工器官外面涂上纳米粒子可预防移植后的排异反应。

纳米粒子比血液中的红细胞小得多（红细胞的大小为6000～9000nm），因此它可以在血液中自由活动。如果把各种有治疗作用的纳米粒子注入到人体各个部位，便可以检查病变和进行治疗。碳材料的血液相容性非常好。新型的人工心瓣可以在材料基底上沉积一层热解碳或类金刚石碳制成。用于治疗的介入性气囊和导管一般是用高弹性的聚氨酯材料制备，把具有高长径比和纯碳原子组成的碳纳米管材料引入到高弹性的聚氨酯中，可以使这种聚合物材料既保持优异的力学性质和易加工成型的特性，又能获得更好的血液相容性。

9.3.5　纳米材料在发电设备和电子领域的应用

利用纳米材料的特性，可以通过摩擦起电、压电效应制造电源系统，将低频机械能转化为电能。

华裔科学家王中林教授2006年发现，氧化锌纳米棒受力弯曲时会产生微弱的电压，他将纳米棒做成纳米电源。经过多次实验研究，只产生了37V、12μA的交流电。后来他利用摩擦起电的现象，将两块材料的摩擦面做成齐整密布、具有压电效应的纳米结构，将两块材料的纳米结构互相插入对方的缝隙，上下摩擦起电，创造了电压可达18V的摩擦纳米电源系统。

科学家以铝-聚四氟乙烯塑料为电极制造的纳米电源装置，可使2～200Hz之间的机械运动发电。频率为14.5Hz的机械运动最高输出电压可达287.4V。北京大学的研究成果显示，把电极做成特殊的"三明治"结构，摩擦频率在5Hz时，电压可达320V。

　　在过去几十年里，技术进步使硅晶体管体积大大缩小，硅芯片性能提高了成千上万倍，带来了信息技术革命。但受限于硅材料本身的性质，传统半导体技术已经趋近极限。澳大利亚科学家研制出一种由氧化钼晶体制成的厚度仅有11nm的新型二维纳米材料，它有着和石墨烯类似的独特的性质——电子在它的内部能以极高速度运动。用这种材料可以造出纳米尺度的晶体管。在电子工业领域，可以从阅读硬盘上读取信息的纳米级磁读卡机以及存储容量为目前芯片上千倍的纳米级存储器芯片都已投入生产。

10

青出于蓝而胜于蓝的石墨烯

石墨烯是一种二维碳纳米材料，有独特的性能，被誉为"神奇材料""黑金""新材料之王"。科学家甚至预言石墨烯将"彻底改变 21 世纪"，极有可能掀起一场席卷全球的颠覆性的新技术、新产业革命。科学家首次获得的石墨烯来源于石墨，但是它的性能却远远超过石墨。石墨烯可以说是"青出于蓝而胜于蓝"的典型。

10.1 石墨烯的化学组成和结构

石墨烯是单层石墨烯、双层石墨烯、少层石墨烯的总称。石墨烯是仅由碳原子组成的物质。单层石墨烯是只有一个原子层厚度的二维材料，每六个碳原子彼此结合成类似苯环结构的平面六边形。这些平面六边形彼此有序排列连接成类似蜂窝的平面结构 [图 10-1(a)]。自然界中的石墨 [图 10-1(b)、(c)] 可以看成是一层层石墨烯堆叠起来的。石墨是深灰色有金属光泽而不透明的细鳞片状固体，是自然界中最软的矿石。可以把石墨烯看成只有一个原子层厚度的极薄的石墨片，即单原子层石墨。平面碳原子层中，每个碳原子以 3 个最外层电子形成 sp^2 杂化轨道，和邻近的 3 个碳原子以 3 个共价单键结合。石墨晶体中，平面碳原子层中碳原子的作用力与碳原子层间的作用力类型、大小不同。平面碳原子层中的各个碳原子还有一个未形成共价键的最外层电子，可以形成大 π 键，这些电子可以在整个碳原子平面层中活动。相邻层间存在分子间作用力，分子间作用力远比共价键力小。因此，石墨容易沿着与层平行的方向滑动、裂开，可以剥离成一片片厚薄不等的石墨片。

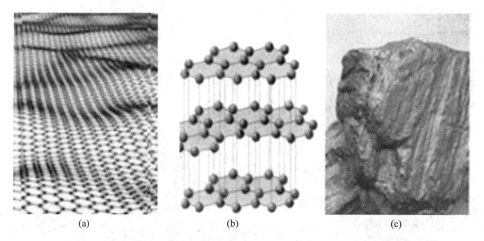

图 10-1 石墨与石墨烯的晶体结构

厚 1mm 的石墨大约包含 300 万层单原子层的石墨烯。铅笔的石墨笔芯在纸上轻轻划过，留下的痕迹可能含有好几层的单原子层石墨烯。但是要从石墨中剥离出单原子层厚度的一层石墨烯来，却非常困难。

石墨烯的结构（图 10-2）非常稳定，碳碳键长（carbon-carbon bond）仅为 142pm。石墨烯内部的碳原子之间的连接很柔韧，当施加外力于石墨烯时，碳原子面会弯曲变形，使得碳原子不必重新排列来适应外力，从而保持结构稳定。石墨烯中的电子在轨道中移动时，不会因晶格缺陷或引入外来原子而发生散射。由于原子间作用力十分强，在常温下，即使周围碳原子发生挤撞，石墨烯内部电子受到的干扰也非常小。

图 10-2 单层石墨烯结构图

在石墨烯发现以前，大多数物理学家认为，依据热力学涨落理论，任何二维晶体在有限温度下不会存在，理论和实验上都认为完美的二维结构无法在非绝对零度稳定存在。2004 年，英国曼彻斯特大学的两位科学家安德烈·盖姆（Andre Geim）和康斯坦丁·诺沃肖洛夫（Konstantin Novoselov）发现能用一种非常简单的方法得到越来越薄的石墨薄片：从高定向热解石墨中剥离出石墨片，然后将薄片的两面粘在一种特殊的胶带上，撕开胶带，就能把石墨片一分为二。不断地这样操作，于是薄片越来越薄，最后，他们得到了仅由一层碳原子构成的薄片——石墨烯。石墨烯的发现，单层石墨烯在实验中被制备出来的事实，震撼了凝聚体物理学学术界。现在，制备石墨烯的新方法层出不穷。研究发现，石墨烯具有良好的强度、柔韧性及导电、导热、光学特性，在物理学、材料学、电子信息、计算机、航空航天等领域都得到了长足的发展（图10-3）。

导热材料 热界面材料　车体材料　电池材料　超级电容材料　海水淡化　石墨烯生物器件

图10-3　石墨烯的应用领域

10.2　石墨烯的特性及其应用

石墨烯具有独特的结构，晶格结构很稳定，因而具有许多独特的性质。

石墨烯最重要的特性之一是独特的导电性。电导率可达 $10^6 S/m$，面电阻约为 $310\Omega/m^2$，比铜或银更低，是室温下导电性能最好的材料。电子迁移率可达到 $2\times10^5 cm^2/(V\cdot s)$，约为硅的140倍，砷化镓的20倍。室温下热导率是铜的10倍多，硅的36倍，砷化镓的20倍。传统的半导体和导体，在传输电能时，由于电子和原子的碰撞，以热的形式释放了部分能量。据统计，2013年，一般的计算机以热的形式，浪费了72%～81%的电能。用石墨烯制造的晶体管，传输速率远高于硅晶体管，可用于制造石墨烯集成电路（图10-4），有望制造出全新的超级计算机。

石墨烯结构具有高度稳定性，有极高的强度与柔韧性。面积为 $1m^2$ 的石墨烯层片可承受4kg的重量。石墨烯的厚度是头发丝的20万分之一，强度则是普通钢的200倍，是世界上已知的最轻、最薄、强度最大的材料。用石墨烯制成的包装袋，可以承受大约2t的重量。

单层石墨烯的吸光率很高，对可见光以及近红外波段光垂直的吸收率仅为2.3%，对所有波段的光无选择性吸收。当入射光的强度超过某一临界值时，石墨烯对其的吸收会达到饱和。

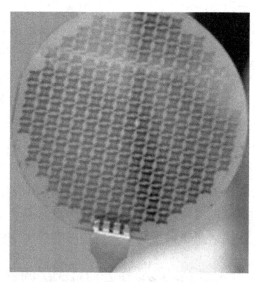

图 10-4 石墨烯集成电路

石墨烯可与活泼金属反应，相当于碳原子间的部分双键被打开，形成化合物：

$$8C + K == C_8K$$

在高温下，石墨烯在空气中可被氧化：

$$2C + O_2 == 2CO; \quad C + O_2 == CO_2$$

石墨烯也可以被氧化性酸氧化，如：

$$4HNO_3 + C == 4NO_2\uparrow + CO_2\uparrow + 2H_2O$$

利用氧化性酸可以将石墨烯裁成小碎片。

石墨烯具有芳香性，具有芳烃的性质。在非极性溶剂中表现出良好的溶解性，具有超疏水性和超亲油性。还具有很好的吸附和脱附性，能吸附（或脱附）各种原子和分子。

石墨烯最早商用的重要领域是新能源电池。美国麻省理工学院研制出表面附有石墨烯纳米涂层的柔性光伏电池板，可极大降低制造透明可变形太阳能电池的成本，这种电池有可能在夜视镜、相机等小型数码设备中应用。用石墨烯制造手机电池，充满电只需 5s，可以连续使用半个月。石墨烯电池只需充电 10min，环保节能汽车就有可能行驶 1000km，解决了新能源汽车电池的容量不足以及充电时间长的问题，极大加速了新能源电池产业的发展。美国俄亥俄州的 Nanotek 仪器公司利用锂电池在石墨烯表面和电极之间快速大量穿梭运动的特性，开发出一种新的电池。这种新的电池可把数小时的充电时间压缩至短短不到1min。分析人士认为，未来1min快充石墨烯电池实现产业化后，将带来电池产业的变革，从而也将促使新能源汽车产业的革新。

日本在作为下一代蓄电池而被热切关注的锂空气电池研究中，通过使用具备三维构造的多孔材质石墨烯作为阳极材料，获得了较高的能量利用效率和100次以上的充放电性能。如果电动车使用这种新型电池，则巡航里程将从目前的200km左右增加到500~600km。

由于具有高导电性、高强度、超轻薄等特性，石墨烯在航天军工领域的应用优势也是极为突出的。前不久美国NASA开发出应用于航天领域的石墨烯传感器，就能很好地对地球高空大气层的微量元素、航天器上的结构性缺陷等进行检测。石墨烯在超轻型飞机材料等潜在应用上也将发挥更重要的作用。

2013年年初，美国加州大学洛杉矶分校的研究人员开发出一种以石墨烯为基础的微型超级电容器，该电容器不仅外形小巧，而且充电速度为普通电池的1000倍，可以在数秒内为手机甚至汽车充电，同时可用于制造体积较小的器件。

微型石墨烯超级电容技术的突破可以说是给电池带来了革命性发展。当前主要制造微型电容器的方法是平版印刷技术，需要投入大量的人力和成本，阻碍了产品的商业应用。以后只需要常见的DVD刻录机，甚至是在家里，利用廉价材料，只需30min就可以在一个光盘上制造100多个微型石墨烯超级电容。

由于石墨烯结构具有高度稳定性，用它制作晶体管，在接近单个原子的尺度上依然能稳定地工作。而以硅为材料的晶体管在10nm左右的尺度上就会失去稳定性。石墨烯中电子对外场的反应速度超快，使得由它制成的晶体管可以达到极高的工作频率。IBM公司在2010年2月就已宣布将石墨烯晶体管的工作频率提高到了100GHz，超过同等尺度的硅晶体管。

石墨烯有很强的柔性，可以制成大面积的石墨烯薄膜。它附着在宏观器件中可以制造触摸屏、加热器件和柔性显示屏（图10-5）。韩国研究人员制造出了由多层石墨烯和玻璃纤维聚酯片基底组成的柔性透明显示屏。在一个63cm宽的柔性透明玻璃纤维聚酯板上，制造出了一块电视机大小的纯石墨烯，用它制造出了一块柔性触摸屏。从理论上来讲，人们可以卷起智能手机。可弯曲屏幕备受瞩目，成为未来移动设备显示屏的发展趋势。石墨烯将是制造柔性电子产品、智能服装、超轻型飞机，甚至太空电梯的最佳材料。

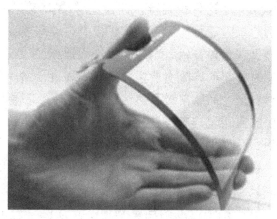

图 10-5　柔性显示屏

　　石墨烯实质上是一种透明的良好导体，因此适合制造透明的触控屏幕、光板，乃至太阳能电池板。石墨烯具有良好的光学性能，可以用石墨烯制作感光元件。2013 年，新加坡南洋理工大学学者研发出了一个以石墨烯为材质的新型感光元件，有望通过特殊结构，让感光能力比现有 CMOS 或 CCD（均为感光元件）提高上千倍，而且损耗的能源也仅为原来的 10%。这项技术将被应用在监视器与卫星成像领域中，不久的将来可以应用于照相机、智能手机等。

　　基于石墨烯的复合材料是石墨烯应用领域中的重要研究方向，其在能量储存、液晶器件、电子器件、生物材料、传感材料和催化剂载体等领域展现出了优良性能，具有广阔的应用前景。2014 年 3 月，中国科学院山西煤炭化学研究所、清华大学和中国科学院金属研究所相关团队合作，成功研制出高导热石墨烯/碳纤维柔性复合薄膜。

　　锂离子电池中的石墨负极，如果换成锂金属，容量可增加 10 倍。但是，锂金属太活泼，遇水易燃，生长枝晶会使电池短路，存在很大的安全隐患。据 2017 年 7 月《自然·纳米技术》杂志上发表的一篇论文报道，美国斯坦福大学材料科学与工程系一课题组研发出一种锂合金/石墨烯箔片负极。把紧密堆积的锂合金纳米粒子包裹在大片的石墨烯片层中，制备出锂合金/石墨烯"千层饼"。在这种"千层饼"结构中，层层叠叠的大片石墨烯紧密包裹住活泼的锂合金，起到了疏水和隔气的作用，使得该富锂负极具有良好的空气稳定性。"千层饼"负极中，锂合金本身处于体积最大的状态，又被局限在导电性高、化学稳定性好的石墨烯"饼"中，避免了合金负极的体积膨胀和锂金属负极的枝晶生长问题，大大增加电池的能量密度和安全性能。负极的容量接近锂金属的理论体积容量。锂合金/石墨烯箔片不仅在传统的锂离子电池中有应用前景，还可与高容量硫正极组装成高效、稳定、寿命长的电池，有望作为锂金属负极替代者应用于下一代锂/硫、锂/空气电池中。

目前石墨烯复合材料的研究主要集中在石墨烯聚合物复合材料和石墨烯基无机纳米复合材料上，而随着对石墨烯研究的深入，石墨烯增强体在块体金属基复合材料中的应用也越来越受到人们的重视。

石墨烯的发现，还促进了理论物理学的发展。在二维的石墨烯中，电子的质量仿佛是不存在的，这种性质使石墨烯成为了一种罕见的可用于研究相对论量子力学的凝聚态物质——因为无质量的粒子必须以光速运动，从而必须用相对论量子力学来描述，这为理论物理学家提供了一个崭新的研究方向：一些原来需要在巨型粒子加速器中进行的试验，如今可以在小型实验室内用石墨烯进行。这对理论物理学的基础研究有着特殊意义。在石墨烯制备成功的随后三年里，安德烈·盖姆和康斯坦丁·诺沃肖洛夫又在单层和双层石墨烯体系中分别发现了整数量子霍尔效应及常温条件下的量子霍尔效应。霍尔效应是 1879 年物理学家霍尔发现的：当电流通过一个位于磁场中的导体的时候，磁场会对导体中的电子产生一个垂直于电子运动方向上的作用力，从而在垂直于导体与磁感线的两个方向上产生电势差。石墨烯所具有的量子霍尔效应，在以往的一些材料中是在极低温度下才显现的，石墨烯却能将它带到室温下。石墨烯中的量子霍尔效应又与一般的量子霍尔效应大不相同，是异常量子霍尔效应。研究这个问题，无论在理论上还是在开拓实际应用上都具有非常重大的意义。两位科学家因石墨烯的量子霍尔效应的发现获得了 2010 年度诺贝尔物理学奖。

10.3　石墨烯的制造

石墨烯常被制成粉体或石墨烯薄膜。常见的石墨烯粉体的生产方法有机械剥离法、氧化还原法、SiC 外延生长法。

机械剥离法是利用物体与石墨烯之间的摩擦和相对运动，得到石墨烯薄层材料的方法。这种方法操作简单、成本低，得到的石墨烯通常保持着完整的晶体结构。2004 年英国两位科学家使用透明胶带对天然石墨进行层层剥离取得石墨烯的方法，可以归为机械剥离法。这种方法生产效率低，工业化量产难，经过大量的研发创新，目前已找到克服的途径。

使用硫酸、硝酸等化学试剂及高锰酸钾、双氧水等氧化剂将天然石墨氧化，增大石墨层之间的间距，在石墨层与层之间插入氧化物，可以制得氧化石墨。氧化石墨呈棕色，为石墨与氧化物聚合体。将制得的氧化石墨水洗、低温干燥，制得氧化石墨粉体。再通过物理剥离、高温膨胀等方法对氧化石墨粉体进行剥离，成为单层、双层或寡层的产物——氧化石墨烯。氧化石墨烯含有大量的含氧基团，不导电。同时，氧化石墨烯化学性质活泼，在加工过程中，会不断还原并释放出二氧化硫等气体。再将氧化石墨烯通过化学方法还原，得到石墨烯：

石墨 →(氧化剂氧化 水洗、低温干燥) 氧化石墨 →(剥离) 氧化石墨烯 →(还原) 石墨烯

这种方法操作简单、产量高，但是氧化还原过程影响因素多，反应条件不易控制，产品质量较低。生产中要使用硫酸、硝酸等强酸，使用大量的水进行清洗，存在安全隐患和环境污染问题。

用碳化硅（SiC）在超高真空的高温环境下，使硅原子升华脱离材料，剩下的 C 原子可以通过自组形式重构，得到基于 SiC 衬底的石墨烯。这种方法对设备要求较高，可以获得高质量的石墨烯。

石墨烯薄膜的生产方法为化学气相沉积法（CVD）。以含碳气态有机化合物（多为低碳烯烃）为原料，利用气相沉积法在绝缘表面或金属表面生长石墨烯，可以制得石墨烯薄膜。这是目前生产石墨烯薄膜最有效的方法，可以制备具有确定结构而且无缺陷的石墨烯纳米带，并可以进一步对石墨烯纳米带进行功能化修饰。制得的石墨烯面积大、质量高，但成本较高，工艺条件还需进一步完善。

此外，还可以从碳纳米管出发制备石墨烯。利用硫酸和氧化剂使多壁碳纳米管开链制备石墨烯纳米带，石墨烯带的宽度取决于碳纳米管的直径，然后用肼（NH_2-NH_2）还原，可恢复其电学性能。该石墨烯带可用作导电或半导体薄膜，有望成为光伏单晶硅的廉价替代物。

10.4 我国石墨烯的研究与发展

目前全球已有超过 200 个机构和 1000 多名研究人员从事石墨烯研发，都试图占领市场的先机，争夺时代的话语权。我国在石墨烯领域的研究与发达国家相比起步较晚，近些年发展很快，文献发表量和专利数量都已经位居

全球首位。2015 年，我国石墨烯产业综合发展实力位列全球第 3 位，仅次于美国和日本。

在石墨烯研究、生产上我国具有独特的优势。在我国，生产石墨烯的原料石墨储量丰富，价格低廉。我国最新的石墨烯生产研究已成功突破批量化生产和大尺寸生产的难题，制造成本已从每克 5000 元降至每克 3 元。利用化学气相沉积法成功制造出了国内首片 15in（1in＝0.0254m）的单层石墨烯，并成功地将石墨烯透明电极应用于电阻触摸屏上，制备出了 7in 石墨烯触摸屏。

2014 年 11 月，中国科学技术大学课题组及荷兰内梅亨大学研究人员合作，在石墨烯等类膜材料输运特性研究方面首次发现，石墨烯可以作为良好的"质子传导膜"。

2015 年 3 月，全球首批 3 万部石墨烯手机在重庆发布，其核心技术由中国科学院重庆绿色智能技术研究院和中国科学院宁波材料技术与工程研究所开发。

2015 年 6 月，南开大学化学学院与物理学院一联合科研团队通过 3 年的研究，获得了一种特殊的石墨烯材料。该材料可在包括太阳光在内的各种光源照射下驱动飞行，其获得的驱动力是传统光压的千倍以上。

2016 年 4 月 27 日，全球首款石墨烯电子纸在广州宣布成功研发问世，这一技术将电子纸的性能提升到一个新的高度，也为石墨烯的产业化开创了一个全新的空间，标志着我国在石墨烯应用上已经走在了世界的前沿。

自 2014 年起，我国已多次主办召开国际石墨烯大会。2014、2015、2016、2017 年中国国际石墨烯创新大会，先后在宁波、青岛、常州召开。世界石墨烯大会在中国举办，意味着中国石墨烯技术已经正式走进世界强国的视野中，中国科技正吸引世界目光！

常州会议上，石墨烯发现者、2010 年诺贝尔物理学奖获得者康斯坦丁·诺沃肖诺夫在致辞中表示：石墨烯的特性能够满足人们在生产生活方面的更多需求，未来，石墨烯产品将有巨大的研究空间和市场应用。希望能与中国的科学家一起，共同推动石墨烯产业快速发展。

有比空气还轻的固体材料吗

你见过、听过一种密度仅为 0.16mg/cm³（抛出空气密度）的固态材料吗？它的密度仅是空气的 1/6，低于氦气的密度。据媒体 2013 年 2 月报道，它是浙江大学高分子系高超教授的课题组研制的一种超轻的气凝胶——"碳海绵"（图 11-1）。气凝胶是一种什么样的材料？为什么有如此小的密度？

图 11-1　超轻的碳海绵

1931 年美国斯坦福大学的 S. S. Kistler 用水玻璃在盐酸存在下水解，制备硅酸凝胶，他通过一种特殊的技术，把硅胶溶液中的液体除去，使之凝固成极细而密布纳米空泡的 SiO_2 为主要成分的骨架，做成空气含量 99% 的超轻材料。他用组合词 "aerogel" 称呼它，意为"可以飞行的凝胶"。后来人们把这种固体称为气凝胶。当时制得的这种气凝胶极其脆弱，后来化学家进行了各种研究，如利用玻璃纤维增强气凝胶的力学性能，或者在气凝胶中灌注极薄的高分子聚合物提高它的弹性。近十多年，科学家研究制得了各种新型的气凝胶（图 11-2），而且发掘了它的许多实用价值，使它成为一种奇特的新材料。

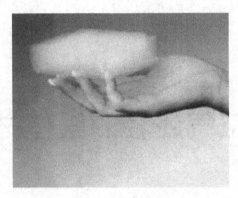

图 11-2　气凝胶

　　在 20 世纪 80 年代后，气凝胶的研究迅速发展，科学家们制得了多种密度更小，又具有各种特殊性能的气凝胶。如，美国国家航空航天局喷气推进实验室的一位材料科学家史蒂芬·琼斯博士把液态硅化合物与能快速挥发的溶剂混合，形成凝胶，然后将凝胶放在特殊的仪器中，在加压的条件下干燥，再经加热和降压，形成密度很小的具多孔结构的气凝胶。这种气凝胶由二氧化硅组成，呈多孔海绵状。气凝胶中空气比例占到了 99.8%，它的主要成分和玻璃一样是二氧化硅，但密度却只有玻璃的千分之一。它的密度只有 $3mg/cm^3$，仅仅是空气的 2.3 倍（干燥的空气在 0℃、1atm 下，密度为 $1.293mg/cm^3$）。这种气凝胶，看起来似乎软且脆，其实也具有一定的强度，且能耐高温。它可以承受相当于自身质量几千倍的压力，在温度达到 1200℃时才会熔化。此外它的导热性和折射率也很低，绝缘能力比最好的玻璃纤维还要强 39 倍。据报道，美国 HRL 实验室、加州大学欧文分校和加州理工学院合作还制得了一种镍构成的气凝胶，密度为 $0.9mg/cm^3$，创下了当时最轻材料的纪录。把这种材料放在蒲公英花朵上，柔软的绒毛几乎没有变形。

　　气凝胶是怎么制造出来的？具有哪些特殊的性能、又得到哪些应用呢？

11.1　什么是气凝胶

　　气凝胶是用液态的胶体（液溶胶）凝聚得到的凝胶制造的（图 11-3）。

图 11-3　从胶体制造气凝胶

什么是液溶胶？什么是凝胶？胶体是怎么形成凝胶的？

一种物质分散在水（或其他分散剂）中由于形成的机制不同，组成了三种分散系：溶液、浊液、胶体。例如，食盐、糖等物质在水中溶解，具有自发性（是熵增过程），以小于 1nm 的小颗粒（离子、分子）分散在水中，能形成稳定、均匀的分散系，作为溶剂的水和可溶性物质（溶质）形成新的物相，称为溶液。泥土分散在水中，多数成分是以肉眼可见的颗粒（大于 100nm）分散在水中，自成一相，形成多相体系，成为混浊的液体（浊液）；浊液不仅要靠外力才能形成，而且具有明显的不稳定性。还有一些物质，它们要依靠外力分散在分散剂中，不具有自发性，形成大小介于 1～100nm 之间的颗粒（分子的集合体，它们用肉眼和显微镜观察不到），这些小颗粒也自成一相。由于这些小颗粒带有相同的电性，不断作布朗运动，具有动力稳定性，体系处于介稳状态，形成胶体。胶体静置时，由于胶体的小颗粒（胶粒）大小不同，在体系中受重力影响呈分层分布（肉眼观察不到），如豆浆的主要成分大豆蛋白分子分散在水中形成的胶体。胶体的分散质可以是液态或固态物质。胶体有三种状态，分别称为液溶胶（如豆浆中的胶体成分、硅酸胶体）、固溶胶（如有色玻璃、烟水晶）、气溶胶（如烟、雾）。

硅酸钠（Na_2SiO_3，它的溶液俗称水玻璃）、氯化铁（$FeCl_3$）、氯化铝（$AlCl_3$）等物质溶于水时发生水解，水解生成物的分子可以集聚成胶体颗粒，形成溶胶。例如硅酸钠、氯化铁、氯化铝水解分别形成硅酸胶体、氢氧化铁胶体、氢氧化铝胶体。这些胶体具有动态稳定性，但是，若向其中加某些电解质，增加胶体中离子的总浓度，使带电的胶体粒子容易与带相反电荷的离子发生电荷中和，胶粒由于布朗运动，发生相互碰撞，可以聚集起来发生凝聚。两种胶体的胶体颗粒带有相反电荷，把它们混合，也可以使胶体聚沉。胶体加热后，胶粒运动加剧，碰撞机会增多，某些胶体会因为胶体颗粒吸附的离子减少，颗粒间斥力减弱，也会导致凝聚。例如，在一定温度下，在豆浆中加入适量石膏［硫酸钙（$CaSO_4$）］或卤水，在动物血中加入食盐，搅匀，豆浆、血会发生凝聚，凝结形成胶冻状的豆腐或血凝胶。像豆腐这样，胶体颗粒和分散介质（水）一起凝结形成的胶冻状固体称为凝胶。硅胶、明胶、毛发、指甲都是由胶原蛋白形成的凝胶。

凝胶中胶体粒子互相连接，形成空间网状结构。结构空隙中充满了作为分散介质的液体，但没有流动性。例如血凝胶、琼脂的含水量都可达 99% 以上。有的凝胶在一定条件下失去分散介质，体积会显著缩小，而当重新吸收分散介质时，体积又重新膨胀，例如明胶；有些凝胶失去或重新吸收分散介质时，形状和体积都不改变，例如硅胶。果冻、水晶软糖等都是用凝胶为原料制成的。

如果在液溶胶凝聚形成凝胶的过程中，控制一定的条件，可以使溶体内形成不同结构的纳米团簇，团簇之间相互粘连形成凝胶体。所形成的凝胶体的固态骨架周围充满化学反应后剩余的液态试剂。把这种凝胶置于高压容器中加温、升压，使凝胶内的液体发生相变，形成超临界态流体。再把超临界流体缓慢地抽出，可以使凝胶的网络结构保持完整，就得到气凝胶。由于超临界流体的气、液界面消失，不存在表面张力，所以在抽出凝胶中的流体成分时，凝胶里的固体结构不会因为伴随发生的毛细作用被挤压破碎。所得到的凝胶具有纳米级的连续三维网络结构，有许多孔径为 $50 \sim 70nm$ 的微孔。图 11-4 简单地说明了能水解形成胶体的物质（前驱体）形成气凝胶的一般过程。

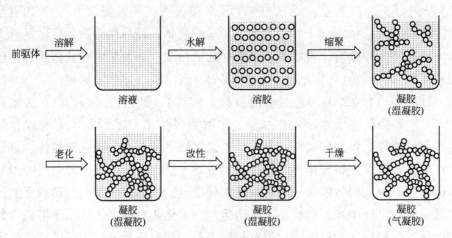

图 11-4　气凝胶的形成

气凝胶是一种由纳米颗粒和大量纳米级空隙构成的具有三维网络结构、密度很小的固体。气凝胶有极高的孔洞率、极低的密度、高比表面积、超高的孔体积率，密度在 $0.003 \sim 0.500g/cm^3$（$3 \sim 500mg/cm^3$）范围。例如，SiO_2 气凝胶的结构可以用图 11-5 表示。

气凝胶的密度小于水，但在水中不会浮起来，因为多孔材料的密度是整

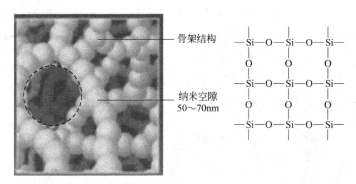

图 11-5　SiO_2 气凝胶的结构

个块体的质量除以整个块体的表观体积得到的量。气凝胶内部的微小孔隙多，表观体积很大，计算出的密度小。但是气凝胶浸入水中，空隙不能排开水，排开水的体积不大，受到的浮力就小。

11.2　多种多样的气凝胶

气凝胶一般可分为氧化物气凝胶（如 SiO_2、Al_2O_3、TiO_2、ZrO_2、B_2O_3、CuO、MoO_2、MgO、SnO_2、Nb_2O_5、Cr_2O_3 等）、有机炭气凝胶、碳化物气凝胶（SiC、TiC、MoC 气凝胶等）三大类。此外还有金属气凝胶、多组分气凝胶（如多相气凝胶 Al_2O_3/SiO_2、TiO_2/SiO_2、Fe_2O_3/Al_2O_3、$CuO/ZnO/Al_2O_3$、$MgO/Al_2O_3/SiO_2$）等。

（1）氧化物气凝胶　SiO_2 气凝胶是目前研究最多的一种隔热材料。其孔隙率高达 $80\% \sim 99.8\%$，孔洞的尺寸大多为 $1 \sim 100nm$，比表面积为 $200 \sim 1000 m^2/g$，而密度可低达 $3kg/m^3$（$3mg/cm^3$），室温热导率很低。

通常是将 SiO_2 气凝胶与红外遮光剂以及增强材料进行复合，以提高 SiO_2 气凝胶的隔热和力学性能。常用的红外遮光剂有碳化硅、TiO_2（金红石型和锐钛型）、炭黑、六钛酸钾等，常用的增强材料有陶瓷纤维、无碱超细玻璃纤维、多晶莫来石纤维、硅酸铝纤维、氧化锆纤维等。

美国国家航空航天局（NASA）Ames 研究中心在 SiO_2 气凝胶中加入陶瓷纤维作为增强材料，制备了 SiO_2 气凝胶-陶瓷纤维复合隔热瓦，与原隔热瓦材料相比热导率大大降低，同时还具有一定的机械强度。

纯的 SiO_2 气凝胶无色透明，折射率为 $1.00\sim1.06$，接近空气，入射光几乎不会发生反射损失，可以作为绝热降噪玻璃。用不同密度的 SiO_2 气凝胶膜制造适应于不同波长光波的耦合材料，可以得到高级的光增透膜。

氧化铝（Al_2O_3）气凝胶（图 11-6）密度小、热导率低、比表面积大、孔隙率高、使用温度高，耐高温性能比二氧化硅好。Al_2O_3/SiO_2 二元气凝胶具有良好的高温热稳定性，最高使用温度可以达到 1200℃ 以上。

图 11-6　氧化铝气凝胶

ZrO_2 气凝胶的孔径小于空气分子的平均自由程，在气凝胶中没有空气对流，孔隙率极高，固体所占的体积比很低，使气凝胶的热导率很低。与 SiO_2 气凝胶相比，ZrO_2 气凝胶的高温热导率更低，更适宜于高温段的隔热应用，在作为高温隔热保温材料方面具有极大的应用潜力。

(2) 炭气凝胶　炭气凝胶在惰性及真空氛围下耐温性高达 2000℃，石墨化后耐温性能能达到 3000℃。炭气凝胶中炭纳米颗粒本身还具备对红外辐射的吸收性能，能产生类似于红外遮光剂的效果，高温热导率低。但是，在有氧条件下，炭气凝胶在 350℃ 以上便发生氧化，这使得它在高温隔热领域的应用受到了极大地限制。在炭气凝胶材料表面涂覆致密的抗氧化性涂层（如 SiC 高抗氧化性涂层），大大扩展了它的应用前景。

浙江大学高分子系高超教授的课题组，将溶解了石墨烯和碳纳米管的水溶液在低温下冻干，制备出了一种超轻气凝胶——"碳海绵"（图 11-7）。这种被称为"全碳气凝胶"的固态材料密度为 $0.16mg/cm^3$（抛出空气密度），是气凝胶最轻纪录保持者。据专家介绍，"碳海绵"拥有高弹性和强吸油能力，被压缩 80% 后仍可恢复原状。它对有机溶剂具有超快、超高的吸附力，是迄今已报道的吸油力最高的材料。现有的吸油产品一般只能吸收自身质量 10 倍左右的液体，而"碳海绵"的吸收量是其 250 倍左右，最高可达 900

倍，而且只吸油不吸水。其吸收有机物的速度极快：每克这样的"碳海绵"每秒可以吸收 68.8g 有机物。"碳海绵"还可能成为理想的相变储能保温材料、催化载体、吸音材料以及高效复合材料。

图 11-7　碳海绵

（3）金属气凝胶　另有一类新型气凝胶，它的原料不是硅胶或高分子，而是金属。美国洛斯阿拉莫斯国家实验室的科学家 2005 年偶然发现一种制备金属气凝胶的简便方法：点燃一些过渡金属化合物，燃烧之后就能神奇地形成如海绵一样的新物质。它拥有极高的表面积——每克金属气凝胶的表面积可达 $3000m^2$。它还具有导电性，有很好的化学反应活性。比如，铁和镍是很好的化学催化剂，但效率不高，把它们做成气凝胶后可以替代效率很高但价格高昂的金属铂，在工业生产中充分发挥催化作用，而不必消耗大量能源。

金属气凝胶还可以储存氢气。铍是质量最轻的四种元素之一，化学性质类似镁和钙。用它做成的气凝胶又牢又轻，虽然其储氢能力低于储氢合金，但它释放氢气时不像合金那样需要高温加热，因而更加安全。科学家希望将这种气凝胶用于氢能汽车。2014 年，科学家发现用铜制备的气凝胶有望用来吸附空气中的二氧化碳，进行人工光合作用，可以合成工业上所需的碳水化合物。此外，科学家还在研究其他具有超强化学吸附功能的金属气凝胶。如果把这些金属气凝胶做成"蓝天拖把"，可以大量吸附空气中的二氧化碳和各种污染物。

（4）碳化物气凝胶　碳化物气凝胶主要有碳化钛、碳化钼以及碳化硅等。为了提高材料的高温抗氧化性能，科学家开发出一种碳化物气凝胶复合隔热材料。

除上述各种气凝胶外，美国国家航空航天局的科学家还合成了全高分子塑料的气凝胶，其弹性如同橡胶，强度超过 S. S. kistler 最初制造的气凝胶的 500 倍。

11.3 气凝胶的奇异性能与应用

气凝胶具备许多奇异的特性，使它在各个领域中都得到应用。

(1) 用作超级绝热材料　气凝胶中一般 80% 以上是空气，所以有非常好的隔热效应。气凝胶在热学方面的优异特性，最受人们重视、也最具有产业化价值，被誉为超级隔热材料。

热传导包括气态传导、固态传导和热辐射传导。气凝胶空隙率极大，气体的热传导率低，而且纳米微孔洞孔径小于空气主要成分氮气和氧气分子的自由程，因此空气难以发生对流，抑制了气体分子对热的传导。纳米多孔材料中颗粒的接触面很小，也限制了固态热传导。同玻璃态材料相比，它的热导率比相应的玻璃态材料低 2～3 个数量级。纳米多孔气凝胶超级绝热材料可以用更轻的质量、更小的体积达到与传统绝热材料等效的隔热效果。由于气凝胶具有优良的保温性能，有一个英国人用气凝胶建造了一个保温效果非常好的房子；一位英国登山家穿了用气凝胶制成的鞋子攀登珠穆朗玛峰，他的睡袋里也加上了一层这种保温新材料。

一般来说，气凝胶材料强度较低、脆性高，因此难以单独作为隔热材料使用，必须要与无机陶瓷纤维之类的增强体进行复合。在制备过程中也可引入不同种类的高性能无机陶瓷纤维棉和遮光剂，调整遮光剂含量及纤维排布方式，优化工艺条件，制备出热力学综合性能更为优越的高效隔热材料。在工业及民用领域、航空与航天领域，用气凝胶制造的绝热、保温材料都有重要的应用。

这些高效隔热材料可以制作成气凝胶毡、气凝胶板等。在稠油开采中，需要保温的热蒸汽管线，要求保温介质温度为 350℃ 左右，保温层表面温度要一致。用气凝胶制成的保温毡的厚度仅为传统保温材料（硅酸铝）的四分之一。

气凝胶具高透光率、低热传导率，可用于太阳能热水器装置，改善太阳能装置的能源利用率和绝热保温作用。用气凝胶制作的纳米孔超级绝热材料应用于热水器的储水箱、管道和集热器，将比现有太阳能热水器的集热效率提高 1 倍以上，而热损失下降到现有水平的 30% 以下。

硅气凝胶的折射率接近 1，而且对红外和可见光的湮灭系数之比达 100 以上，能有效地透过太阳光，并阻止环境温度的红外热辐射，成为一种理想的透明隔热材料（图 11-8）。在太阳能利用和建筑物节能方面已经得到应用。一寸（3.33cm）厚的气凝胶的隔热功能相当 20～30 块普通玻璃。即使把气凝胶放在玫瑰与火焰之间，玫瑰也会丝毫无损。通过掺杂的手段，还可进一步降低硅气凝胶的辐射热传导率。常温常压下掺碳气凝胶是目前热导率最低的固态材料，有望替代聚氨酯泡沫成为新型冰箱隔热材料。掺入二氧化钛可使硅气凝胶成为新型高温隔热材料，作为国防工业的配套新材料。

图 11-8　有优良隔热性能的气凝胶

用气凝胶作为航空发动机的隔热材料，既起到了极好的隔热作用，又减轻了发动机的重量。其作为外太空探险工具和交通工具上的超级绝热材料也有很好的应用前景。俄罗斯"和平"号空间站和美国"火星探路者"探测器都用它来进行热绝缘。2002 年，美国航空航天局成立了一家专门生产结实、有韧性的气凝胶的公司。有关专家认为，只要在宇航服中加入一个 18mm 厚的气凝胶层，那么它就能帮助宇航员扛住 1300℃的高温和零下 130℃的超低温。航空航天局计划在 2018 年做火星探险时，宇航员们将穿上用新型气凝胶制造的宇航服。

（2）用作化工领域的新材料　具有纳米结构的气凝胶，它的孔洞大小分布均匀，气孔率高，是一种高效气体吸收或过滤材料。试验室常见的硅胶（硅酸凝胶，$m\mathrm{SiO_2} \cdot n\mathrm{H_2O}$）就是一种常用的干燥剂。它的特点是吸附性能强，热稳定性好，化学性质稳定，有较高的机械强度。有机气凝胶经过烧结工艺处理后可以得到炭气凝胶。它具有很大的比表面积（600～1000m²/kg）和高电导率（10～25S/cm）。而且，密度变化范围广（0.05～1.0g/cm³）。在它的微孔洞内充入适当的电解液，可以制成新型可充电电池，这种电池储电容量大、内阻小、重量轻、充放电能力强、可多次重复使用。美国 Lawrence Livermore 国家实验室和伊利诺斯大学研究表明，炭气凝胶具有高比表面积、低密度、连续的网络结构且孔洞尺寸很小又与外界相通，具有优良的吸、放氢性能。气凝胶表面有成百上千的小孔，所以是非常理想的吸附水中污染物的材料，科学家们将其称为"超级海绵"。有一种气凝胶可以吸附CO_2气体、某些化学有毒蒸气；美国科学家新发明的气凝胶能吸出水中的铅和水银。

组成气凝胶的颗粒直径小、有高的比表面积，作为新型催化剂或催化剂的载体，它的活性和选择性远比常规催化剂优越。它的活化组分分布均匀，稳定性强，副反应少，使用寿命长。例如，Cr_2O_3/Al_2O_3、NiO/Al_2O_3气凝胶可以作为性能良好的催化剂。NiO/Al_2O_3气凝胶作为乙苯脱去乙基制苯反应的催化剂，效果良好，它还可催化乙酸转化为丙酮、丙酸转化为二乙基丙酮的反应。现在已经发现多种具有催化下列反应的气凝胶：部分氧化反应、过氧化反应以及硝基化、氢化、异构化反应。

(3) 用于防弹和生态灾难处理　新型气凝胶可用于防弹。美国航空航天局曾对用气凝胶建造的住所和军车进行防弹测试。试验证明，在住所或军车的金属片外壁上加一层厚约6mm的气凝胶，即使炸药直接炸中，金属片也分毫无伤。

(4) 作为理想的声学延迟或高温隔音材料　气凝胶孔内的空气使其成为"隔音超级明星"，可以用来制作隔音墙，厚度1cm的气凝胶的隔音效果相当于5cm的优质泡沫塑料。科学家还制造了一种声阻抗可变范围比较大的[103～107kg/($m^2 \cdot s$)]声学材料，可以作为比较理想的超声探测器的声阻耦合材料。用厚度为1/4波长的硅气凝胶作为压电陶瓷与空气的声阻耦合材料，可提高声波的传输效率，降低器件应用中的信噪比。初步实验结果表明，密度在300kg/m^3左右的硅气凝胶作为耦合材料，能使声强提高30dB，如果采用具有密度梯度的硅气凝胶，有望得到更高的声强增益。

(5) 应用于科学理论和高科技研究　气凝胶的奇异性能，可以为科学研究提供各种特殊材料的支持。例如，在探索天体奥秘的事业上，气凝胶也作出了特殊的贡献。美国国家航空航天局的"星尘"号飞船在太空中执行一项十分重要的任务——收集彗星微粒。彗星微粒中包含着太阳系中最原始、最古老的物质，研究它可以帮助人类更清楚地了解太阳和行星的历史。但收集彗星微粒并不是件容易的事，它的速度相当于步枪子弹的6倍，尽管体积比沙粒还要小，可是当它以如此高速接触其他物质时，自身的物理和化学组成都有可能发生改变，甚至完全蒸发。有了气凝胶，这个问题就变得很简单了。气凝胶就像一个极其柔软的棒球手套，可以轻轻地消减彗星微粒的速度，使它在滑行一段相当于自身长度 200 倍的距离后慢慢停下来。在进入"气凝胶手套"后，这些微粒会留下一段胡萝卜状的轨迹，由于气凝胶几乎是透明的，科学家可以按照轨迹轻松地找到这些微粒。SiO_2 气凝胶已经被广泛应用于探测高能带电粒子、在太空中捕集陨石微粒的介质材料。

12

在超越自身中发展的化学电源

　　随着社会的发展和人们生活水平的提高，不仅能量消耗急剧增加，而且所需要的提供能量的方式也更加多样化。利用化学反应装置把化学反应释放的能量转化为电能的化学电源，种类繁多、形式多样、能量转化效率较高，且可以满足各种特殊要求。

　　图 12-1 为我们日常生活中常见的三种电池。电池的使用范围已经由 20世纪 40 年代的手电筒、收音机、汽车和摩托车的启动电源发展到现在多达四五十种用途。小到电子手表、CD 唱机、移动电话、MP4、MP5、照相机、摄影机、各种遥控器、剃须刀、手枪钻、儿童玩具、心脏起搏器使用的电池，大到各种场合应用的应急电源、电动工具、拖船、拖车、铲车、轮椅车、高尔夫球运动车、电动自行车、电动汽车、风力发电站、导弹、潜艇和鱼雷等使用的电池，让人惊叹。化学电源是在不断地改进存在的问题、不断地适应社会发展的需要中，不断地超越自身而获得发展的。

图 12-1　常见的电池

12.1　化学电源的发明与发展历程

随着社会经济、国防工业、高科技的发展及人们生活质量的提高，人们对各种不同性能化学电源的需求越来越多样，给电池的研究和设计、制作技术的发展提供了动力。化学电源发明 200 多年来，其设计和制作技术不断改进，同时也推动了相关科学原理和材料的选择与改进。化学电源的发展，说明科学和技术总是相互依存、相互促进的，也说明了新材料的研发是化学电源得以不断发展的保证。

1780 年，意大利解剖学家伽伐尼做青蛙解剖实验时发现两种金属器械同时碰在青蛙的大腿上，青蛙腿部的肌肉会发生抽搐，仿佛受到电流的刺激。他认为，这是因为动物躯体内部存在"生物电"。这一实验结果在学术界公布后，物理学家竞相进行研究，企图找到一种产生电流的方法。意大利物理学家伏特在多次实验后认为"生物电"的说法不正确，青蛙肌肉产生的电流，大概是肌肉中某种液体起了作用。他把两种不同的金属片浸在各种溶液中进行试验，结果发现，两种金属片中，只要有一种能与溶液发生化学反应，金属片之间就能够产生电流。1799 年，伏特用锌板和银板浸在盐水里，发现连接两块金属的导线中有电流通过。他在许多锌片与银片之间垫上浸透盐水的绒布，平叠起来。用手触摸两端时，会感到强烈的电流刺激。伏特成功地制成了世界上第一个电池——"伏特电堆"。伏特电堆存在电流产生不平衡的问题（电池极化）。1836 年，英国的丹尼尔对伏特电堆进行了改良。他使用稀硫酸作电解液，制作了锌-铜电池（"丹尼尔电池"），解决了电池极化问题。

伏特电堆和丹尼尔电池的工作原理，和现代制作和应用的许多化学电源一样，都是利用电极上的活性物质在电极上发生氧化还原反应，把化学能转化为电能。图 12-2 是电池工作原理的示意图。各种化学电源都有两个电极。电极起导电作用，置于电解质之中。电池工作时，电极本身或者电极上的活性物质发生氧化或还原反应，两个电极产生电位差。一个电极（负极）上发生氧化反应，电子从这一电极通过外电路流向电池的另一个电极（正极），在正极上反应物结合电子发生还原反应。在电池内部，带电的离子通过电解质从一个电极移向另一个电极，维持两个电极反应的持续进行。有些化学电源的电极不仅起导电作用，电极本身也是能发生氧化或还原反应的活性物质

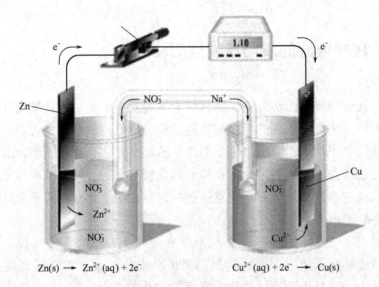

Zn(s) ⟶ Zn²⁺ (aq) + 2e⁻   Cu²⁺ (aq) + 2e⁻ ⟶ Cu(s)

图 12-2   电池工作原理示意图

（如普通干电池的锌外壳是电池的负极，在放电时发生氧化反应）；有些化学电源的电极起导电作用，也作为发生氧化或还原反应的活性物质的载体（如氢氧燃料电池的两极多是由铁、镍等惰性微孔材料制成）。

电池正负极活性物质材料的选择、使用决定了电池的基本性能，电池的电动势大小、电池内部联系两极的电解质决定了电池放电时的机制和效率。例如，上述的伏特电堆、丹尼尔电池以及随后发明的其他改良的电池，由于电极材料、电解质材料和制作的问题，都存在电压随使用时间延长而下降、电池容量小等缺点。1860 年，法国的普朗泰发明了用铅做电极的电池。当电池使用一段时间后电压下降时，可以给它通以反向电流，使电池电压回升。该电池能充电，反复使用，所以称它为"蓄电池"。但是这种电池要在金属板之间灌硫酸，搬运不方便而且危险。也是在 1860 年，法国的雷克兰士用锌和汞的合金棒作负极，用多孔的杯子盛装着碾碎的二氧化锰和碳的混合物插上一根碳棒作为正极，负极和正极都被浸在作为电解液的氯化铵溶液中，进一步改进了蓄电池的性能。

1860 年后，在遵循电池工作基本原理的基础上，电池设计制作工艺和材料又有了一系列改进，显示了社会需求、电池材料和工艺技术对促进电池的发展的重要性。例如：

1881 年，富蒙、布鲁希制成的涂膏式极板为铅酸电池奠定了基础；

1883 年，氧化银电池发明；

1886 年，勒克朗谢制作成最初形式的锌-锰干电池，1888 年，电池进入商品化行列，1890 年，锌-锰电池投入生产；

1899 年、1901 年，镍-镉电池、镍-铁电池相继发明；

1901 年，爱迪生发明了碱性蓄电池。

第二次世界大战之后，化学电源的理论和技术进入快速发展时期，碱性锌锰电池得到快速发展；一系列新型化学电源相继诞生，如高性能锂离子电池、燃料电池、热电池、固体电解质电池以及无汞锰干电池、镍电池。

1951 年，实现了镍-镉电池的密封化；

1958 年，Harris 提出了采用有机电解液作为锂一次电池的电解质，20 世纪 70 年代初实现了军用和民用；

20 世纪 60 年代后，出于环保的需要，化学电源研究的重点转向蓄电池研发，铅、镉等有毒金属的使用日益受到限制，代替传统铅酸电池和镍-镉电池的可充电电池的研究得到极大重视；

20 世纪 80 年代，镍-镉电池迅速发展；

1990 年前后，锂离子电池发明，于 1991 年实现商品化；

1995 年，聚合物锂离子电池（采用凝胶聚合物电解质为隔膜和电解质）发明，于 1999 年开始商品化；

……

12.2 化学电源研发技术的发展

化学电源的发展历程，说明化学电源的制造技术的产生，先于原理的发现，但是化学电源研发技术的发展和不断完善，却要依赖于相关科学理论研究的深入和创新，依赖于新材料的研发。例如：

12.2.1 碱性锌锰干电池的研发

普通的锌锰干电池，它的正极材料是 MnO_2、石墨棒，负极材料是锌片，电解质是 NH_4Cl、$ZnCl_2$ 及淀粉糊状物。放电时，负极、正极发生的反应分别是：

电极反应：

负极：$Zn - 2e^- \Longrightarrow Zn^{2+}$

正极：$2MnO_2 + 2NH_4^+ + 2e^- \!=\!=\!= Mn_2O_3 + 2NH_3\uparrow + H_2O$

电池总反应：$Zn + 2MnO_2 + 2NH_4^+ \!=\!=\!= Mn_2O_3 + 2NH_3\uparrow + Zn^{2+} + H_2O$

反应产生的 NH_3 被石墨吸附，会引起电动势较快下降。为解决这个问题，科学家用高导电的糊状 KOH 代替干电池中的糊状 NH_4Cl、碳粉混合物，用钢筒代替石墨棒做正极材料，粉状 MnO_2 层紧靠钢筒；电池中填充的锌粉作氧化剂，与作为负极的金属片连接，构成了碱性锌锰干电池。这一改进，使干电池放电反应中不会有气体产生，电池的内电阻较低，电动势（1.5V）也比较稳定。图 12-3 是碱性锌锰干电池的构造示意图。

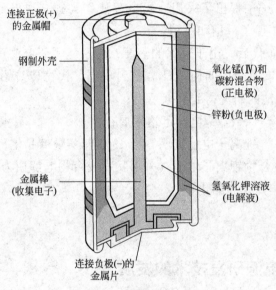

连接正极(+)的金属帽

钢制外壳

氧化锰(Ⅳ)和碳粉混合物（正电极）

锌粉(负电极)

金属棒（收集电子）

氢氧化钾溶液（电解液）

连接负极(−)的金属片

图 12-3　碱性锌锰干电池

12.2.2　二次电池的改进更新

最初人们使用的电池是一次电池（如碱性锌锰电池）。电池在放电时活性物质不断消耗，放电后不能再用。丢弃不仅浪费，而且污染环境。

1860 年普朗泰发明蓄电池之后，人们认识到二次电池放电后可以充电，电池中的活性物质复原后可重新放电，反复多次使用。此后，蓄电池不断得到改进，不仅有性能和使用寿命得到改善的铅蓄电池，还研发了镍镉、镍氢和锂离子电池。二次电池的发明使用，把化学能和电能间的相互转化，应用到极致。

目前广泛使用的酸性铅蓄电池（图 12-4）由一组充满海绵状金属铅的铅

锑合金格板作负极，由另一组充满二氧化铅的铅锑合金格板作正极，两组格板相间浸泡在电解质稀硫酸中，放电时，负极、正极的反应分别是：

负极：$Pb + SO_4^{2-} \rightleftharpoons PbSO_4 + 2e^-$

正极：$PbO_2 + SO_4^{2-} + 4H^+ + 2e^- \rightleftharpoons PbSO_4 + 2H_2O$

总反应：$Pb + PbO_2 + 2H_2SO_4 \rightleftharpoons 2PbSO_4 + 2H_2O$

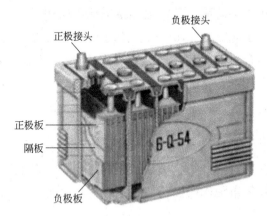

图 12-4　酸性铅蓄电池

电池放电后，正负极板上都沉积有一层 $PbSO_4$，放电到一定程度之后必须进行充电，充电时用一个电压略高于蓄电池电压的直流电源与蓄电池相接，将负极上的 $PbSO_4$ 还原成 Pb，而将正极上的 $PbSO_4$ 氧化成 PbO_2。充电时发生放电时的逆反应，使电源恢复到原先的状态，把电能转化为化学能，贮存起来。在重新放电时，化学能再转化为电能。正常情况下，铅蓄电池的电动势是 2.1V，随着电池放电生成水，稀硫酸的浓度降低。通过测量稀硫酸的密度可以检查蓄电池的放电情况。铅蓄电池具有充放电可逆性好、放电电流大、稳定可靠、价格便宜等优点。常用作汽车和柴油机车的启动电源，坑道、矿山和潜艇的动力电源，以及变电站的备用电源。但是这种蓄电池比较笨重，使用的硫酸溶液有腐蚀性，不适用于日常生活，也不便携带。

随着电池研究的发展，人们认识到蓄电池容量受电极上的活性物质的种类和数量以及电解液成分、纯度和浓度的影响；蓄电池的内阻与电解液的电导率、极板结构及其面积有关，而电解液的导电率又与密度和温度有关。这些认识促进了蓄电池的研发。镍-镉（Ni-Cd）、镍-氢和镍-铁（Ni-Fe）碱性蓄电池相继出现并被广泛应用。它们的体积、电压都和普通干电池差不多，携带方便，而使用寿命比铅蓄电池长得多，使用得当可以反复充放电上千次。

镍镉蓄电池用氢氧化亚镍和石墨粉的混合物作为正极材料，用海绵网筛状镉粉和氧化镉粉作负极材料。充电后正极板上的活性物质为羟基氧化镍（NiOOH），负极板上的活性物质为金属镉。放电后，正极板上的活性物质还原为氢氧化亚镍，负极板上的活性物质氧化成氢氧化镉。电解液为氢氧化钠或氢氧化钾溶液。对工作环境温度高低不同的蓄电池，使用不同浓度的氢氧化钠溶液或氢氧化钾溶液。密封镍镉蓄电池则兼顾低温性能和荷电保持能力，采用密度为 $1.40g/cm^3$（15℃时）的氢氧化钾溶液。电池充放电，氢氧化钠或氢氧化钾不直接参与反应，只起导电作用。充电过程中生成水分子，放电过程中消耗水分子，充、放电过程中电解液浓度变化很小。为了增加蓄电池的容量和循环寿命，通常在电解液中加入少量的氢氧化锂。

镍镉蓄电池总反应：$Cd + 2NiOOH + 2H_2O \underset{充电}{\overset{放电}{\rightleftharpoons}} 2Ni(OH)_2 + Cd(OH)_2$

镍镉蓄电池存在污染问题，储氢金属的出现，为性能更优越的、可解决环境污染问题的镍氢电池的研发创造了条件。镍氢电池镍镉电池和一样，也属于二次碱性电池。

镍氢电池正极活性物质为 NiOOH（氧化镍电极），负极活性物质为金属氢化物（储氢合金，电极称储氢电极），电解液为 6mol/L 氢氧化钾溶液。电极极片的加工方式不同，不同工艺制备的电极的容量、大电流放电性能也不同。一般根据不同的使用条件生产电池。镍氢电池的充放电化学反应如下：

$$NiOOH + MH \underset{充电}{\overset{放电}{\rightleftharpoons}} Ni(OH)_2 + M$$

12.2.3 锂离子电池的研发和改进

锂离子电池是当代应用广泛的化学电源，在计算机、手机上的应用非常常见。锂离子电池（以钴酸锂蓄电池为例）的负极材料是呈层状结构、有很多微孔的石墨，石墨层的微孔中嵌入许多锂离子（图12-5）。正极材料有钴酸锂（$LiCoO_2$）、导电剂乙炔黑和铝箔等。充放电过程中，发生 $LiCoO_2$ 与 $Li_{1-x}CoO_2$ 之间的转化。

当电池工作时（放电），嵌在负极石墨层中的锂离子脱出，经电解液向正极移动并进入正极材料中。电池两极上发生的反应是：

负极：$Li_xC_6 \longrightarrow 6C + xLi^+ + xe^-$，锂离子从电极上脱出；

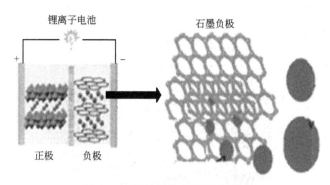

图 12-5　锂离子嵌入石墨层微孔

正极：$Li_{1-x}CoO_2 + xLi^+ + xe^- \Longrightarrow LiCoO_2$，$Li_{1-x}CoO_2$ 还原为 $LiCoO_2$。

电池充电时，电池的正极上有锂离子生成，生成的锂离子经过电解液移动到负极，嵌入石墨层中。充电嵌入的锂离子越多，充电容量越高。锂离子电池的充放电过程就是锂离子从正极移向负极，再从负极回到正极的来回运动状态（图 12-6）。

电池总反应：$Li_{1-x}CoO_2 + Li_xC_6 \underset{充电}{\overset{放电}{\Longrightarrow}} LiCoO_2 + 6C$

石墨是锂离子电池负极使用的传统材料。人们发现，用硅负极材料代替石墨材料，理论上电池比容量将会增大近 10 倍。硅负极材料可以成为未来高能量密度动力锂离子电池负极材料的首选。但是，硅负极材料在充放电循环过程中存在体积变化（高达 3 倍以上），造成硅颗粒粉化等问题，使实际硅负极材料循环寿命和性能变差。

中国科学院宁波材料技术与工程研究所一个研究锂电池的实验室，自 2011 年开展硅基负极材料的研究开发。2012 年、2017 年他们先后研究了一种三维多孔的纳米硅/石墨烯复合负极材料、一种新型二维纳米硅/二氧化硅复合负极材料（2D nano-Si/SiO$_2$）。后一种负极材料中，纳米硅均匀分散于无定形硅氧化物中。二维结构有效减少了锂离子迁移路程，有效降低了体积膨胀率，表现出优异的稳定性和工作性能。

随着社会的发展，人们发现以石墨为负极的锂离子电池现在达到的实际容量已经越来越接近理论容量了，达不到人们的生活需求。为了提升锂电池的能量密度和容量，使用锂金属作负极的设想又被提出来。因为，锂金属电极电位最低，用它做负极，电池的理论容量将达到锂离子石墨负极电池的十倍。

其实，早在 1958 年，美国加州大学的一名研究生提出了用锂、钠等活

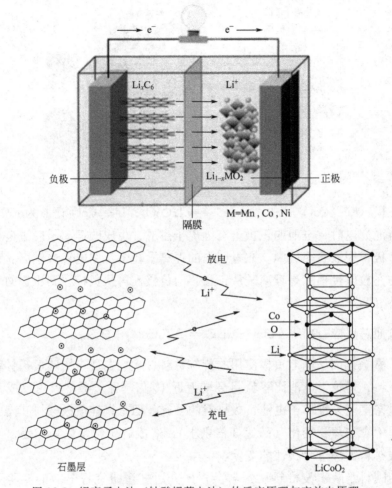

图 12-6　锂离子电池（钴酸锂蓄电池）的反应原理与充放电原理

泼金属作电池负极的设想，经过数十年的研究，人们发现锂金属负极在工作时，会形成一层固态电解质界面膜（SEI 膜），可以防止沉积过程中形成的锂金属被电解液腐蚀。但是，随着沉积的锂金属越来越多，会产生极度不均匀的锂金属表面，在局部地区生长出锂枝晶，而且锂枝晶会越长越大，可能撑破 SEI 膜。锂金属被暴露在充满电解液的环境，立即发生反应，刺穿分离正负极的绝缘层（电池的隔膜），造成电池内部短路（图 12-7），甚至发生火灾、爆炸。第一代锂金属商业电池发生几次爆炸后，科学家就放弃了锂金属负极而使用石墨负极。

重新提出用金属锂作负极，要解决金属锂负极的安全工作问题。科学家做了大量的研究，如优化和改性不与锂反应的电解液，提供载体限制锂金属

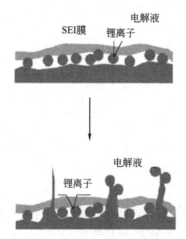

图 12-7　锂金属作负极出现的问题

负极膨胀，应用人工界面膜防止锂金属外泄等。中国科学院宁波材料技术与工程研究所新型储能材料与器件团队，研究出让锂金属有序沉积在负极表面、使 SEI 膜可以保持完好状态的技术。该团队与中国科学院上海硅酸盐研究所研究员郭向欣、美国太平洋西北国家实验室教授张继光合作，开发了一种可移植性富 LiF 层作为器件化的锂金属保护膜，可以让锂金属在电解液环境中不发生反应，可以持续工作。

12.3　当代新型化学电源的研发

(1) 高能电池　随着社会的发展，要求电池具有高比能量和高比功率（电池的比能量和比功率为按电池的单位质量或单位体积来计算电池所能提供的电能和功率）。"高能电池"应运而生。

为电子手表、液晶显示计算器或小型助听器等提供小电流的"纽扣"电池是银-锌电池。它是日常生活中使用的高能电池，体积小，质量轻。

银-锌电池的电极材料是 Ag_2O 和 Zn。电极反应为：

负极：$Zn + 2OH^- - 2e^- \Longrightarrow ZnO + H_2O$

正极：$Ag_2O + H_2O + 2e^- \Longrightarrow 2Ag + 2OH^-$

电池总反应：$Zn + Ag_2O \Longrightarrow ZnO + 2Ag$

银-锌电池也可以提供大的电流，可用于宇航、火箭、潜艇等方面。

高能电池中，还有一类以锂为负极的非水电解质电池。这类电池中性能最好、最有发展前途的是锂-二氧化锰非水电解质电池。它以片状金属锂为负极，电解活性 MnO_2 作正极，高氯酸锂溶于碳酸丙烯酯和二甲氧基乙烷的混合有机溶剂作为电解质溶液，以聚丙烯为两个电极间的隔膜。电极反应是：

负极：$Li = Li^+ + e^-$

正极：$MnO_2 + Li^+ + e^- = LiMnO_2$

总反应：$Li + MnO_2 = LiMnO_2$

该电池的电动势为 2.69V，重量轻、体积小、电压高、比能量大，充电 1000 次后仍能维持其能力的 90%，贮存性能好，已广泛用于电子计算机、手机、无线电设备等。

此外，还有以熔融的钠作电池的负极，熔融的多硫化钠和硫作正极，正极物质填充在多孔的碳中，两极之间用陶瓷管隔开的钠-硫电池。

(2) 导电高聚物电池与液结光伏电池　化学电源的研究总是随着科技的发展，尤其是新材料的出现不断地进步。新材料的出现，为化学电源提供了更宽广的电极、电解质材料的选择、利用余地。除了锂离子电池负极材料的研究外，导电高聚物电池、液结光伏电池的研发也成为当代研究的热点。

导电聚乙炔发明后，1981 年第一个聚乙炔电池面世，它采用聚乙炔膜正极、锂片负极、以碳酸丙二酯为溶剂的 $LiClO_4$ 电解质。随后，研究者又发现和制成了几十个可导电的其他共轭系统的聚合物，这些化合物中，有的电导率很高，环境和化学稳定性比聚乙炔还优越。以聚合物为电极材料的电池，电池电动势、电极寿命、放电效率都较高，自放电率较低，它的性能已超过铅酸蓄电池、镉镍电池。

半导体的出现、太阳能利用的研究还促进了一种称为"液结光伏电池"的研发。它利用纯度很高的半导体制成电极。半导体电极插入电解质溶液，利用太阳能产生的光电化学效应，使半导体产生光生空穴（h^+）或光生电子，与电解质溶液中离子发生电化学反应而产生电能。

(3) 燃料电池与海洋电池　化学电源的发展，使人们还可以利用多种资源来产生电能，可以不断提高能量转化效率。燃料电池、海洋电池的出现和应用在现代生产、生活中不断涌现。

长久以来，电能的获得依靠化石燃料产生的热能带动发电设备。火力发电属于间接发电，化石燃料的化学能转化为热能，热能再转化为机械能、电能。能量转换环节多，受热机卡诺循环的限制，效率很低。一般火电站热机效率仅在 30%～40% 之间，约有 60%～70% 的热量浪费。而且直接燃烧石油、天然气、煤气获取能量，会产生环境污染，排放大量温室气体。

燃料电池的出现，可以实现直接将氢气、天然气（甲烷）、乙醇等燃料的燃烧反应释放的化学能转化为电能，能量转化率高，可达 80％以上。节约燃料、减少污染，而且可以做成适合不同领域工作需要的具有多种性能的装置。微生物燃料电池还可以利用微生物把各种污水中所富含的有机物质作为燃料，直接转化电能。

燃料电池由燃料极、空气极和电解质溶液构成。反应物（还原剂、氧化剂）不是全部储藏在电池内，而是在工作时不断从外界输入。电极反应产物也要不断排出。燃料电池的负极反应物（还原剂）是氢气、煤气、天然气、甲醇等；正极反应物（氧化剂）是氧气、空气等。电极材料多采用多孔碳、多孔镍、铂、钯等贵重金属以及聚四氟乙烯，可以吸收、通过气体燃料和氧气（空气）。电解质则有碱性、酸性、熔融盐和固体电解质等数种。在本书的姐妹篇《化学世界漫步》中，对燃料电池已做了比较详细的介绍。

以往海上航标灯采用一次性电池或二次电源（如铅蓄电池、镍镉电池）供电，工作量大，费用高。1991 年，我国首创以铝-空气-海水为能源的新型电池，称之为"海洋电池"。用海洋电池代替传统的电源，使用周期可长达一年以上，避免经常更换的麻烦。海洋电池，是以铝合金为电池负极，金属（Pt、Fe）网为正极，用取之不尽的海水为电解质溶液，它靠海水中的溶解氧与铝反应产生电能。它是一种无污染、长效、稳定可靠的电源。

海水中的溶解氧很少（海水中只含有 0.5％的溶解氧），海洋电池的正极采用仿鱼鳃的网状结构，表面积大，可以吸收海水中的微量的溶解氧。在海水中氧气与铝反应，源源不断地产生电能。电池的两极反应是：

负极（Al）：$4Al - 12e^- \Longrightarrow 4Al^{3+}$

正极（Pt 或 Fe 等）：$3O_2 + 6H_2O + 12e^- \Longrightarrow 12OH^-$

总反应：$4Al + 3O_2 + 6H_2O \Longrightarrow 4Al(OH)_3 \downarrow$

电池本身不含电解质溶液和正极活性物质，不放入海洋时，铝极就不会在空气中被氧化，可以长期储存。把电池放入海水中，便可供电，其能量比干电池高 20～50 倍。海洋电池没有怕压部件，在海洋下任何深度都可以正常工作。

化学反应与光辐射

化学反应伴随着能量的转化，反应物中蕴含的化学能可以转化为热能、光能、电能。当化学反应以光辐射的形式释放出能量，光波的波长在可见光范围，我们就可以观察到发光现象。反之，光能也能在一定条件下促发化学反应，把光能转化为化学能。

化学反应发光的原理是什么？光化学反应有哪些应用？

13.1 化学反应发光之谜

在日常生活中，我们经常看到、用到化学反应发出的光，也可以观察到利用光能引发化学反应的事例。例如早期的照相机闪光灯（被称为镁光灯）即利用燃烧镁粉发出的光。镁粉（或镁条）燃烧时会放出强烈的白光：

$$2Mg+O_2 \xrightarrow{\text{点燃}} 2MgO$$

氯气通入强碱性的氢氧化钠与双氧水的混合溶液中，发生反应，会发出红光。

绿色植物绿叶里的叶绿素，在阳光的作用下，可以把水和空气中的二氧化碳，转化为葡萄糖：

$$6CO_2+6H_2O \xrightarrow[\text{叶绿素}]{\text{光}} C_6H_{12}O_6+6O_2$$

在变色眼镜中，镜片玻璃中含有的溴化银在阳光照射下会分解生成细小的银颗粒和单质溴，使镜片变成墨镜，无光照条件下，银颗粒和单质溴又结合成溴化银，镜片重新变得透明：

$$2AgBr \underset{光}{\rightleftharpoons} 2Ag + Br_2$$

在各种大小型演唱会、宴会、节日晚会经常被使用的荧光棒（图13-1），就是利用化学反应发光制造的发光品。它还可运用于装饰、军需照明、海上救生、夜间标志信号以及钓鱼专用灯源，受到普遍欢迎。荧光棒的发光时间一般可达 4～48h。

图 13-1　深受孩子喜爱的荧光棒

萤火虫能在夜晚发出美丽的光芒（图13-2），也是其体内发生的一系列复杂化学反应中伴随发生的光辐射。

图 13-2　萤火虫

13.1.1　化学反应发光的原理及其应用

能发光的物质有两种能态，即基态和激发态，前者能级低，后者能级很高。一般地说，在激发态时分子有很高并且不稳定的能量，它们很容易释放能量重新回到基态。当能量以光子形式释放时，就发出光。如果我们企图使一个能发光的物体发光，只需要给它足够的能量使它从基态变成激发态就行了。例如，二氧化钍在高温下能吸收能量，激发到不稳定的激发态，又会释放出光能，发出强烈的白光回到激发态。在没有电力供应的野外进行户外作业使用的汽灯（图 13-3），其燃料是煤油，但是没有灯芯，它的灯头就是套在灯嘴上的浸泡过硝酸钍溶液的纱罩（用蓖麻纤维或石棉织成的），附着在纱罩表面的硝酸钍，受热能分解成二氧化钍。当汽灯灯座里装的煤油从油壶上方的灯嘴处喷出燃烧时，形成的高温使纱罩表面附着的二氧化钍发出耀眼的白光。由于二氧化钍有微弱放射性，现在大都使用其他发光材料代替。

图 13-3　野外使用的汽灯

一个化学反应要产生化学发光现象，必须满足以下条件：第一是该反应必须能提供足够的激发能，并且是由某一步反应单独提供的；第二是化学反应过程中所释放的激发能至少能被一种物质所接受，使该物质达到激发态；第三是激发态物质的分子必须具有一定的化学发光量子效率，能释放出光子，或者能够转移它的能量给另一个分子使之进入激发态并释放出光子。

杜邦公司在 20 世纪 70 年代发明的化学荧光棒技术，就是利用过氧化物（如过氧化氢）在催化剂（如水杨酸钠）存在下和酯类化合物（如苯基草酸酯）发生反应发光。它的化学发光原理经过了多年的研究，至今没有确定。

多数人认为草酸酯类发光过程可能是苯基草酸酯和氧化剂过氧化氢在催化剂作用下反应，生成苯酚和双氧基环状中间体（二氧杂环丁二酮），中间体是储能物质，它能分解生成二氧化碳，将能量传递给受体荧光剂分子（如红色的罗丹明 B），使之处于激发状态，激发态分子从激发单重态回到基态，就释放出光子即发出荧光（图 13-4）。

这种化学荧光棒中发光母体（如苯基草酸酯）、各色荧光染料（如红色

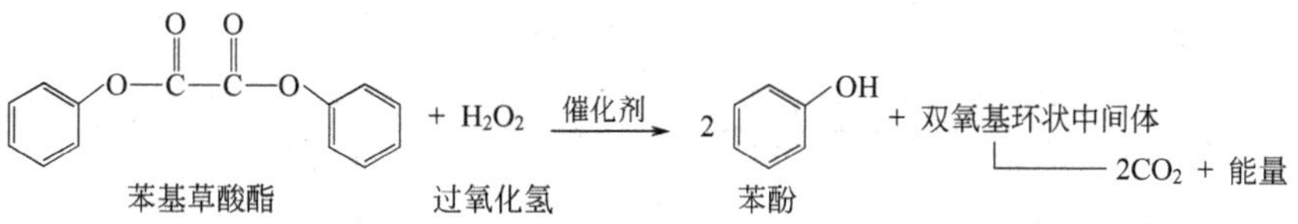

能量 + 基态荧光剂分子 ──────→ 激发态荧光剂分子

激发态荧光剂分子 ──────→ 基态荧光剂分子 + 光能

图 13-4　荧光棒中发生的反应

的罗丹明 B) 溶解在溶剂 (如邻苯二甲酸二丁酯) 中，装在透明塑料容器中。反应的氧化剂 (如过氧化氢)、催化剂 (如水杨酸钠) 溶解在叔丁醇溶剂中，装在非常薄的细玻璃管中。当折断或 (或摔动) 细玻璃管，两组溶液混合，发生化学反应，释放出光能，使荧光染料发出冷光。使用的荧光剂的结构决定了发出的光的颜色和频率，选用不同的荧光剂可以得到特定颜色的化学光源。荧光棒中两组溶液混合产生荧光的强度、时间长短，受两组溶液成分、浓度、比例和温度的影响。温度 (气温) 越高发光强度越强，发光的时间就越短；温度 (气温) 越低发光强度越弱，发光时间越长。荧光棒发光时间的长短与环境温度成反比 (即环境温度越高，荧光棒的发光时间越短)、与荧光棒的初始亮度成反比 (即荧光棒刚折亮时的亮度越高，发光时间就越短)。发光的强度还受到荧光分子在溶剂中溶解程度、在介质中的稳定性、荧光分子的荧光产率等因素的影响。根据荧光棒的这些特性，我们把已经发光的荧光棒放在低温环境中 (如：冰箱、冷柜)，就可以抑制荧光棒中两种液体的化学反应，取出后可继续使用。

1937 年被化学家提出的"鲁米诺血痕测定方法"是利用发光化学反应的另一个例子。在有动物或人的血液存在下，用过氧化氢处理鲁米诺试剂能发生一系列化学反应，在黑暗的环境下能很好地观察到蓝紫色的荧光。反应的发生，是由于血液中含有酶、血红蛋白含有铁，它们能催化过氧化氢的分解生成单质氧，氧化鲁米诺，释放出氮气，使之转化为一种处于激发态的化合物分子 (3-氨基邻苯二甲酸)，该分子会很快发出波长为 425nm 的光波，发出蓝紫色的荧光 (图 13-5)。

这一反应很灵敏，肉眼无法观察到的血液痕迹 (即使是过了几年的很淡的血痕或很稀的血液样品) 也能检验出来。鲁米诺试剂是有机化合物鲁米诺和碳酸钾的水溶液 (鲁米诺化学名为 5-氨基-2,3-二氢-1,4 二氮杂萘二酮)。使用时，要在试剂中加入少量过硼酸钠 (或过硫酸钾)，在黑暗环境下，在

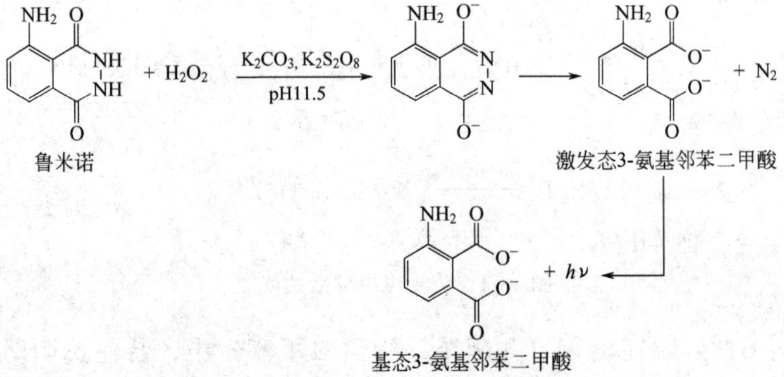

图 13-5 鲁米诺反应基本过程

要测试的区域盖上滤纸，喷洒漂白剂，再立即在被漂白液浸湿的滤纸上喷洒鲁米诺试剂，如果测试区有血液存在，就会出现蓝紫色的荧光。

化学发光在生物医学领域有着很多应用。例如，Fe^{2+}能启动、催化脂肪类物质的过氧化（LPO）链式反应。在链式反应过程中，产生多种自由基中间产物，还会产生激发态的中间产物，这些激发态的中间产物回到基态时，就产生光。把Fe^{2+}盐加入含有脂肪的系统（如细胞膜、线粒体、微粒体、血浆、组织匀浆、尿液等），可产生化学发光。发光的强度等特征可以反映出系统的生化功能。例如，血浆和血清的化学发光实验研究说明，不同疾病患者血浆和血清的化学发光强度与健康的人有所差异。腹腔器官局部缺血、肢端闭合性局部缺血、血氧含量下降以及出血、手术性休克病人的血浆和血清的发光强度降低；与此相反，风湿性关节炎、阑尾炎、胆囊炎、胰腺炎等炎症性疾病患者血浆和血清的发光强度升高。发光强度降低和升高的幅度与疾病的严重程度有关。利用此方法有可能对非典型的心肌梗死和腹腔器官炎症性疾病做出区别诊断。又如，利用尿液的化学发光可以研究肾脏功能的变化。将Fe^{2+}盐加入尿液中，测量发生的化学发光，可以发现肾功能不足者尿液的发光强度降低；与正常人相比，阑尾炎患者尿液的发光强度则有不同程度的提高。利用这一方法可以评估肾脏的排泄及收缩功能。

13.1.2 生物发光现象

发光生物是指自然界中能够自体发光的生物。发光生物有鱼类、昆虫、藻类、植物。在自然界里说到发光，人们首先会想到萤火虫，但除了这种昆虫外还有许多生物也能发光。如一些藻类、水母、珊瑚、某些贝类、蠕虫及生活在深海里的鱼类等。夜晚常在近海作业的渔民甚至是长住海边的人经常能看到海面上有光带，这是一些藻类发出的，当它们受到惊扰时或者是在大量繁殖时，似乎海洋都开始燃烧了起来。晚上在海滩上戏耍的孩子们能从海滩上找到一种能发光的动物——沙蚕。

不同的生物会发出不同颜色的光。所有的植物在阳光照射后都会发出一种很暗淡的红光，微生物一般都会发出淡淡的蓝光或者绿光，某些昆虫会发黄光。生物发光可分两类：一类是被动发光，如植物，那些微弱的红光不过是没能参与光合作用的多余的光，就像涂有荧光物质的材料经强光照射后再置于黑暗中发光那样，这种光对植物是否有着生物学上的意义目前还是个谜；另一类是主动发光，例如萤火虫发出的闪闪荧光。

生物发光可以说是生物的通讯行为。光是一种能量，主动发光是对能量的一种消耗。生物的生存都要在维持生命的正常活动中最大限度地去节省能量，因此主动发光必定是这些生物生存的一个不可少的通讯活动。生物发光的作用之一，是求偶。雌性萤火虫发出微弱的光蛰伏在草丛中，雄虫发现后会用一种兴奋的明亮的闪光来示好，等待着雌虫发光的变化以确定自己有多大把握成功。其次，发光生物通过发光发出警告。很多种动物会有自己的食物来源区域，为了不使争夺食物的矛盾激化，动物们通常会各自有一套警告的行为，如较深海底栖息的某些鱼类，就通过发光，宣示自己占有的区域。发光还是一种取食行为。在深海有一种叫做鮟鱇的鱼，它的头顶有一个发光器，可以用来迷惑一些从它身旁经过的小动物。如果某个动物有太强的好奇心，想看看这种光，极有可能成为鮟鱇的食物。实际上鮟鱇自己并不能发光，它的头顶的突起为一种发光的细菌提供生存环境。细菌得到了一个稳定的生活环境，而鮟鱇则利用它们发出的光来吸引小动物。

萤火虫为什么会发光？光能来自哪里？和所有化学发光一样，萤火虫也是靠体内发生的一系列化学反应，把化学能转化为光能的。萤火虫体内有发光器。雄虫有两节发光器，雌虫通常只有一节发光器。发光器内有一种腺体，此腺体含有叫作荧光素的含磷化合物。它在荧光酵素的催化下发生一系列生化反应，发光质氧化作用产生的能量大部分以光能形式释放，只有$2\%\sim10\%$的能量转化为热能。萤火虫的光属于冷光，不会灼人。萤火虫发光不连续，是由于其体内含有抑制发光酶，抑制作用的产生或移除，就产生了闪烁的荧光。

1885 年，杜堡伊斯（Dubois）在实验室里提取出萤火虫的荧光素和荧光素酶，并指出萤火虫的发光是一种化学反应。后来，科学家又得到了荧光素酶的基因。经科学家的大量研究，萤火虫的发光原理现在被完全弄清楚了。在萤火虫体内，ATP（三磷酸腺苷）水解产生能量提供给荧光素，使之发生氧化反应。每分解一个 ATP 能氧化一个荧光素，并产生一个光子，从而发出光来（图 13-6）。目前已知的绝大多数生物的发光机制都是这种模式。但在发光的腔肠动物那里，荧光素则换成了光蛋白，如常见发光水母的绿荧光蛋白，荧光蛋白与钙或铁离子结合发生反应从而发出光来。

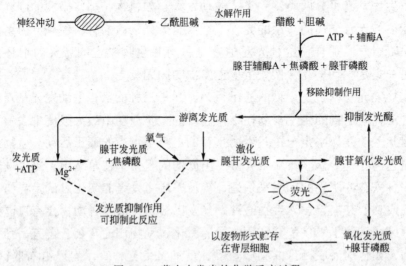

图 13-6　萤火虫发光的化学反应过程

13.2　光化学反应之谜

　　光化学反应是地球上最普遍、最重要的变化过程之一。光化学反应是指一些物质在可见光或紫外线的照射下，物质中的原子或者分子、自由基、离子，吸收了外来光子的能量后被激发，引起的化学反应。

　　光与生物组织作用时，在一定条件下就可产生光化学反应。绿色植物中的叶绿体在阳光照射下可使水和二氧化碳发生反应合成碳水化合物和氧气；人体皮肤中的麦角胆固醇在阳光作用下可以转化生成维生素 D_2；动物视觉的形成也和光化学反应有关。

　　常见的自然环境中的光化学反应主要有两类：一类是光合作用；另一类是光分解作用，如高层大气中分子氧吸收紫外线分解为原子氧、染料在空气中的褪色以及胶片的感光作用等。

　　光化学反应可引起化合、分解、电离、氧化还原等过程。人们的生产、生活中，也都会遇到或利用到光化学反应。例如，涂料与高分子材料的光致变性，照相术、光刻技术，有机化学反应中光催化的应用，医学中的激光治疗（生物组织中的碳链和肽链中的化学键键能仅为 3.4eV，可以在激光光子的冲击下被打断，断键剩余的光子能量使靶组织部位的分子碎片以超音速喷射出来，从而实现切除组织的目的）。

13.2.1　光化学反应的发生

　　光化学反应是怎么发生的，反应的机理是什么，是科学家研究光化学反应的重要方向之一。

　　光子的能量是量子化的，基于光的二象性，通常用光的频率或波长表示具有不同能量的光子。一般来说，可以引发生物分子产生光化学反应的是波长 700nm 以下的可见光和紫外光。能引发某个反应物分子发生反应的光子，被称为光子试剂。光子试剂被吸收，引发反应后，不会像一般化学试剂那样会留下反应产物，因此被认为是一种洁净的化学试剂。

　　物质分子中的电子状态、振动与转动状态也是量子化的，即相邻状态间的能量变化是不连续的。在一般条件下，物质的分子处于能量较低的稳定状态（基态）。当受到光照射后，如果分子能够吸收光辐射，就可以提升到能量较高的状态（激发态）。通常，一个物质的微粒只吸收一个光子，特定的光化学反应要特定波长的光子来引发。分子从不同的初始状态激发到不同的终止状态，需要吸收的光子所具有的能量也是不同的，要求二者的能量值尽可能匹配。分子吸收不同波长的光辐射，可以达到不同的激发态（按激发态的能量高低，依次把各个不同的激发态称作第一、第二激发态等，高于第一激发态的所有激发态统称为高激发态）。

　　基态分子的化学行为主要依赖于被束缚最弱、活泼性最大的电子。激发态分子的内能、分子电子密度分布与基态分子完全不同，其化学性质与基态分子相比也有很大不同。光化学反应的初级过程是分子吸收光子使电子激发，分子由基态提升到激发态。激发态分子的寿命一般较短，而且激发态越高，其寿命越短。激发时分子所吸收的辐射能可以转化为热效应，或以其他形式的能量散发。

　　依据科学家们的研究，光化学反应一般经过下列几个反应阶段：①产生激发态分子（A*）引发反应；②激发态分子 A* 或者离解产生新物质分子

(C1，C2…），或者与其他分子（B）反应产生新物质（D1，D2…）；③激发态分子 A* 或者失去能量回到基态、发光（荧光或磷光），或者与其他化学惰性分子（M）碰撞而失去活性。

在阶段①，反应物分子所吸收的光子能量需与分子或原子的电子能级差的能量相适应。物质分子的电子能级差值较大，只有远紫外光、紫外光和可见光中高能部分才能使价电子激发到高能态，即波长小于 700nm 才有可能引发光化学反应。阶段①产生的激发态分子活性很大，可能产生阶段②所述的两种化学反应形式，包含一系列复杂反应。激发态分子 A* 离解产生新物质分子是大气光化学反应中最重要的一种。阶段③是激发态分子失去能量回到原来的状态的两种形式。

目前，在研究光化学反应过程中，通常只涉及单个光子和单个分子的作用过程。而绿色植物光合作用等光化学过程是一个多光子过程。由于分子从激发态返回基态的速率太快，用经典光源研究光化学反应，实现多光子过程的概率一般很低。在理论上，通常用吸收了第一个光子后形成的介稳激发态当成后续第 2、3 个光子吸收形成的准基态来处理。

激光（主要是准分子激光）是一类具有高能量光子的紫外脉冲激光，波长大都在远紫外段。以 193nm 氩氟（ArF）准分子激光为例，它的每个光子具有 6.4eV 的能量。作为一种能量高度集中、单色性极好的光源，可以引起一些经典光源（只发出普通光）不能引起的光化学效应。激光具有单色性，辐射时有大量的同频率的光子同时射向反应体系，从而可以使得暂时处于激发态的分子数比较多，在光化学研究及应用中（尤其是多光子过程）具有独特的价值。

13.2.2　生物体中的光化学反应

绿色植物的光合作用，利用太阳光的光能，以水、二氧化碳气体为原料通过一系列复杂的化学反应生成葡萄糖，进而生成淀粉、纤维素，就是一种光化学反应。光合作用是一种复杂的氧化还原反应，其基本过程可用图 13-7 简单地表示。

简单地说，光合作用是以二氧化碳（CO_2）作为氧化剂（二氧化碳中的 C 处于氧化态），水（H_2O）作为还原剂（水中的氧处于还原态），发生一系列复杂的氧化还原反应，生成碳水化合物（$C_6H_{12}O_6$）。所发生的反应，包括在多种酶的参与下的两个阶段的光化学反应（分别为原初反应、电子传递

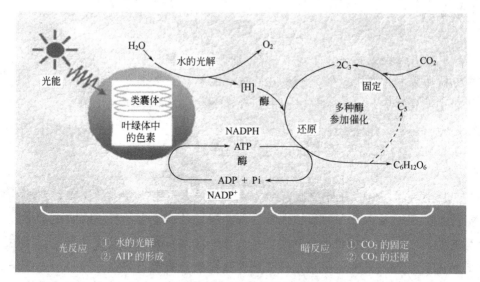

图 13-7 光合作用的基本过程

和光合磷酸化）、一个阶段的暗反应（碳同化过程）。光化学反应是在叶绿体中的类囊体膜（光合膜）的反应中心进行的，实质上是光在反应中心引起氧化还原反应，完成了光能转变为电能的过程。从能量转化的角度看，光合作用把太阳光的光能转化成电能，经电子传递产生 ATP 和 NADPH 形式的不稳定化学能，再转化成稳定的化学能储存在糖类化合物中。所发生的物质转化过程是：

$$CO_2 + 2H_2O \xrightarrow[\text{叶绿体}]{\text{光}} (CH_2O) + O_2 + H_2O$$

光合作用过程中，每还原 1mol CO_2，有 4mol 电子发生转移，消耗 114kcal/mol 的能量。

研究光合作用，模拟光合作用，充分利用无偿的最大能源——太阳能，将农业生产方式转变为工业生产方式，摆脱"靠天吃饭"的约束，是人们梦寐以求的，是许多科学家热心研究探索的课题。在本书的姐妹篇《化学世界漫步》一书中，对光合作用作了专题介绍。

除绿色植物外，许多微生物也能利用太阳光，进行光合作用。如蓝细菌能吸收太阳光的光能，通过光合作用把水和二氧化碳形成有机物，供自己生存需要：

$$12H_2O + 6CO_2 \longrightarrow C_6H_{12}O_6 + 6O_2 + 6H_2O$$

同时它还能吸收太阳光光能，在氢酶作用下，把多余有机物分解、还原生成氢气：

$$C_6H_{12}O_6 + 12H_2O \longrightarrow 12H_2 + 6CO_2 + 6H_2O$$

此外，某些光合细菌可以利用有机物通过光发酵作用产生氢气。有些光合细菌可以利用光能，催化有机物的厌氧酵解，产生小分子有机酸、醇类物质，进一步反应，产生氢气。本书在专题 15 会做进一步介绍。

13.2.3　自然环境中的光化学反应

自然环境中的光化学反应，最为重要的是大气中的光化学反应，它和大气污染密切相关。大气污染的化学原理比较复杂，它除了与一般的化学反应有关外，更多的是由于大气中物质吸收了来自太阳的辐射能量（光子）发生了光化学反应，使污染物成为毒性更大的物质（叫做二次污染物）。

大气中的光化学反应主要是污染物受阳光的照射，吸收光子而使该物质分子处于某个电子激发态，而引起与其他物质发生的化学反应。如光化学烟雾形成的起始反应是二氧化氮（NO_2）在阳光照射下，吸收紫外线（波长 290～430nm）而分解为一氧化氮（NO）和原子态氧，由此引发链反应，导致了臭氧及与其他有机烃化合物的一系列反应而最终生成了光化学烟雾等有毒产物［如过氧乙酰硝酸酯（PAN）等］。

高空大气中的 N_2、O_2 和 O_3 能选择性吸收太阳辐射中的高能量光子（短波辐射）而引起分子离解，太阳辐射高能量部分（波长小于 290nm）的光子因而不能到达地面。大于 800nm 的长波辐射（红外线部分）几乎完全被大气中的水蒸气和 CO_2 所吸收。因此只有波长 300～800nm 的可见光波不被吸收，透过大气到达地面。大气的低层污染物 NO_2、SO_2、烷基亚硝酸（RONO）、醛、酮和烷基过氧化物（ROOR'）等也可发生光化学反应，一般吸收 300～400nm 的光子。这些反应与反应物光吸收特性、吸收光的波长等因素有关。

环境化学中的光化学反应主要有光氧化反应、光降解反应和光氧-微生物降解反应。光氧化降解反应是在光作用下，将有机物分子如芳醛、芳醇和芳烃氧化、消化；脂肪族有机化合物也可被氧化成小分子酸、醛甚至能被深度降解为 CO_2、H_2O，直接进入自然界的生物循环。光氧-微生物能降解的塑料需要具有光敏基团或易与微生物作用的结构。降解塑料代替传统塑料应用于包装行业及农业是必然的，因此研究光氧-微生物降解塑料是一个趋势。

13.2.4　光化学反应在有机合成中的应用

有机合成中常见的光化学反应有光氧化反应、光还原反应、光聚合反应和光取代反应等。光氧化反应是在光照射、光敏剂作用下，有机物分子与氧发生的加成反应。光氧化反应条件温和，不需要重金属催化剂，在药物、香精、洗涤剂和染料等精细化学品的合成方面已有许多研究成果。光还原反应是在光催化下，有机物分子结合氢原子发生还原反应。目前研究较多的是羟基化合物的光还原反应。光取代反应常见的是脂肪烃的光氯代制氯代烃，如甲烷氯代为一氯甲烷、二氯甲烷、氯仿和四氯化碳。通过光取代反应可制备多种清洁剂、杀虫剂、抗氧剂和中间体，这些反应具有较其他途径温和、回收率高和选择性好等特点，有的产物甚至是非光取代反应所不能生成的，因而在工业生产上极有潜力。

13.3　光电化学效应

光电化学效应指的是光能转变为电能和化学能的效应。1839 年法国科学家 E. Becquerel 在实验中观察到光照射到电解池中，产生了光电效应。1972 年日本科学家 Fujishima（藤岛昭）和 Honda（本田）利用 n 型半导体 TiO_2 电极组成的光电化学电池进行光助电解水试验，获得氢气。在溶液中电解水，理论上需要施加 1.23V 的电压，而采用半导体 TiO_2 光电极，在太阳光照下，仅需 0.3～1V 的电压。利用阳光，节省电能又获得氢能，给光电化学效应的实际应用带来了希望。从此，光电化学效应引起人们的广泛关注，被认为是将光能转变为电能和化学能的一种最有希望的发现。在以后的年代里，科学家们进行了大量的理论和试验工作，对用半导体构成的光电化学电池的作用机理有了更清楚地了解，并将光电催化氧化发展到水处理领域。1976 年 Cary 等陆续报道，在紫外光照射下 TiO_2 电解水体系可使各种难降解有机化合物降解。

后来，印度科学家对光电催化的应用研究做了进一步发展，成功地研制出一种分隔式光电合成电解装置。当有光照时，TiO_2 薄膜阳极产生电子，电子在偏压的作用下，向阴极移动，溶液中的 H^+ 在阴极得到电子还原成 H_2，而阳极电解液中的有机污染物被氧化。许多研究结果表明，与光催化氧化相比，光电催化氧化可以通过外加偏压，阻止光生电子和空穴之间的简单复合，从而提高光催化氧化的效率。半导体具有能带结构，由填满电子的价带（V_B）和空的导带（C_B）构成，价带和导带之间存在禁带。当用能量大于或等于禁带宽度（带隙）的光照射 TiO_2 半导体时，价带上的电子被激发跃迁至导带而产生空穴，光生空穴具有很强的氧化能力，可夺取水分子的电子生成·OH。而·OH反应活性很强，能使水中多种难于降解的有机污染物完全无机化，其中包括脂肪烃、芳香烃、洗涤剂、染料、农药、除草剂和腐殖质等污染物，以及水中的"三致（致癌、致畸、致突变）物"和"优先污染物"。而且 TiO_2 具有良好的化学和生物惰性，能确保水质的安全且价廉易得。这种光电合成电解装置产生 H_2 的条件是在阴极电解液和阳极电解液间形成一定的 pH 值差，产生 0.15V 以上的化学偏压，并向阴极电解液不断的通入 N_2，以避免溶液中有 O_2 存在而优先结合电子。

光电化学电池对电极材料的要求，并不像固体太阳电池那样严格，甚至多晶半导体也可使用，能大大降低成本。因此，尽管目前还存在电极材料的稳定性不高、太阳能转换效率普遍较低等困难，但科学家们普遍认为它的发展前景比较乐观。

13.4　荧光现象

谈到化学发光和生物的化学发光，人们会想到荧光现象。荧光现象是一种光致冷发光现象，是物质吸收光后又发射出光来的一种性质。

当某种常温物质经某种波长的入射光（通常是紫外线或 X 射线）照射，吸收光能后进入激发态，并且立即退出激发态并发出光。通常发出光的波长比入射光的波长长，在可见光波段。一旦停止入射光，发光现象也随之立即消失。一般以持续发光时间来分辨荧光或磷光，持续发光时间短于 10^{-8} s 的称为荧光，持续发光时间长于 10^{-8} s 的称为磷光。在日常生活中，通常不区分其发光原理，而把各种微弱的光亮都称为荧光。

为了防止纸币伪造，各国在纸币制造上除了使用特殊纸张、水印、形成凹凸手感外，还使用荧光油墨在纸币中织入在紫外光下能发出多种颜色荧光的纤维线条。荧光纤维是在可以纺成丝的高分子化合物里加入某些稀土元素化合物制成，也可以用能发出荧光的有机材料代替稀土元素化合物，或用有机材料、稀土元素化合物的混合物，只是能发出荧光的有机材料不耐高温。

荧光和化学发光不同。由化学反应所引起的发光（如上文介绍的演唱会上用的荧光棒发光）包括生物发光（如萤火虫发出的光）也是冷光，但它是通过化学物质发生化学反应发出光的。荧光和由阴极射线（高能电子束）所引起的发光也不同，电视机显像管的荧光屏发光就是阴极射线发光。

在自然界和人们的生活中，经常会看到和用到荧光。常见的荧光灯、发光二极管、荧光笔都是日常生活中应用荧光的例子。荧光灯的灯管内部被抽成真空，并注入少量的水银。灯管电极的放电使水银发出紫外波段的光。这些紫外光是不可见的，并且对人体有害。所以灯管内壁覆盖了一层称作磷（荧）光体的物质，它可以吸收那些紫外光并发出可见光。可以发出白色光的发光二极管（LED）也是基于类似的原理。由半导体发出的光是蓝色的，这些蓝光可以激发附着在反射极上的磷（荧）光体，使它们发出橙色的荧光，两种颜色的光混合起来就近似地呈现出白光。荧光笔中有荧光剂，它遇到紫外线（太阳光、日光灯、水银灯中比较多）时会发出白光，从而使其颜色有刺眼的荧光视觉。

荧光性质在地质学中有重要的用途。有些矿物暴露在短波段的射线（如紫外线、X射线或阴极射线）下，能发出可见光。有些矿物仅仅在波长较短的紫外光下发荧光，而另一些矿物却只能在波长较长的红外光下发荧光。闻名世界的荧光矿物样品来自新泽西州的富兰克林锌矿，其矿物中发荧光最特殊的是方解石和硅锌矿。在紫外光的照射下，方解石发出粉红色的光，像一块红热的煤一样，而硅锌矿发出鲜艳的黄绿光，挑选出来一些有荧光性质的矿物，可制成美观的陈列品。

白钨矿和几种铀的矿物通常都有荧光性质，于是可以在夜间用手提紫外光灯照射露头，就能查明岩石中是否有这些矿物。但是，荧光作用是一种不能预测的性质，同一个矿物的一种样品可以发出很亮的荧光，而另一种样品却可能完全没有荧光作用。

红宝石、翡翠、钻石可以在短波长的紫外线下发出红色的荧光，绿宝石、黄晶（黄玉）、珍珠也可以在紫外线下发出荧光。钻石还可以在X射线下发出磷光。极光也是高层大气中的荧光现象。

石油及其大部分产品，除了轻质油和石蜡外，无论其本身或溶于有机溶剂中，在紫外线照射下均可发光。石油的发光现象取决于其化学结构。石油中的多环芳香烃和非烃引起发光，而饱和烃则完全不发光。轻质油的荧光为淡蓝色，含胶质较多的石油呈绿色和黄色，含沥青质多的石油或沥青质则呈褐色。所以，发光颜色随石油或者沥青物质的性质而改变，不受溶剂性质的影响。而发光程度，则与石油或沥青物质的浓度有关。石油的发光现象非常灵敏，只要溶剂中含有十万分之一石油或者沥青物质，即可发光。因此，在油气勘探工作中，常用荧光分析来鉴定岩样中是否含油，并粗略确定其组分和含量。这个方法简便快速，经济实用，大庆油田就是这么被发现的。

在生物化学、医药领域，荧光也有广泛的应用。例如，人们可以通过化学反应把具有荧光性的化学基团粘到生物大分子上，然后通过观察示踪基团发出的荧光来灵敏地探测这些生物大分子。对 DNA 进行自动测序也要利用荧光进行标记。荧光技术还被应用于探测和分析 DNA 及蛋白质的分子结构，尤其是比较复杂的生物大分子。如水母发光蛋白最早是从海洋生物水母中分离出来的，当它与 Ca^{2+} 共存时，可以发出绿色的荧光，这一性质已经被应用于实时观察细胞内 Ca^{2+} 的流动。水母发光蛋白的发现推动了人们进一步研究海洋水母并发现了绿色荧光蛋白。绿色荧光蛋白的多肽链中含有特殊的生色团结构，无需外加辅助因子或进行任何特殊处理，便可以在紫外线的照射下发出稳定的绿色荧光，作为生物分子或基因探针具有很大的优越性，所以绿色荧光蛋白及相关蛋白已经成为生物化学和细胞生物学研究的重要工具。

荧光显微成像技术也是一个应用荧光的例子。许多生物分子不需要外加其他化学基团就可以发出荧光。有时，这种内禀的荧光性会随着环境的改变而改变，因此可以利用这种对环境变化敏感的荧光性来探测分子的分布和性质。例如胆红素与血清白蛋白的一个特殊位点结合时，可以发出很强的荧光。又如当血红细胞中缺少铁或者含有铅时，会产生具有很强的荧光性的锌原卟啉（而不是正常的血红素），可以据此来检测病因。

14

造纸工艺的变与不变

　　纸张在人类文明的发展中占有重要地位。自有文字开始，人们就设法利用各种载体材料，表达知识内容，传递思想文化。在文字出现初期，树叶、树皮、龟甲、金石、泥陶、竹子、木板等天然材料，都曾被当作书写之物，它们取材便利，随手可得。与简牍同时期使用的缣帛，价格昂贵，不能大范围推广。我国汉代发明了利用植物纤维造纸的技术，在蔡伦对造纸技术做改进之后，纸张变得价廉物美，成为人们日常书写的工具。

　　20 世纪中期，信息技术、数字技术和计算机技术迅速发展，文献信息储存领域出现了许多新型的载体，如缩微载体、音像载体和机读型图书、E-book 电子载体、网络载体、手机等。进行信息传播的实物媒体发生的变化，人人都可以看到。但是，传统的纸张仍然是重要的信息载体，它的权威和地位依然如故。纸张的原料和造纸技术也只是在原有的基础上有所改进。纸张传递信息的庄重感、便于查阅和保存、廉价和普及程度都是其他载体难以比拟的。以纸张、书本作为信息载体，从色彩、装帧设计上着手，可以满足不同场合的需要，满足人们的审美要求。纸张和造纸术和人类文明的发展一样，只有不断改进而不会消亡。

　　纸张的发明和使用的最初年代，化学科学还未诞生，但是化学科学在纸张的制造和使用、保存过程中却已经做出了默默的贡献。古代造纸的过程和现代纸张制造的基本过程相似。先用木材、苇草、麻、竹等原料经过水浸、切碎、洗涤、蒸煮、漂洗、舂捣，加水配成悬浮的浆液、制成纸浆，再把纸浆均匀地撒在网板或造纸机上，沥干去除水分、压实、高温烘干，就制成了纸（图 14-1）。当然，随着人类社会文明的发展，人们对纸张的认识、应用和造纸工艺也得到不断地更新、发展，纸张的品种也变得十分丰富。

图 14-1　我国汉代纸张制造流程

14.1　造纸过程发生的物理、化学变化

木材、苇草、麻、竹是普通纸张的原料，它们都以纤维素为主要成分。从木材、苇草、麻、竹变成普通纸张，发生了哪些物理、化学变化呢？纤维素怎样从原料中转移到纸张中？

木材、苇草、麻、竹是由多种化合物组成的复杂而不均匀的自然物质，主要成分是纤维素（占 40%～50%）、半纤维素（占 20%～35%）、木质素（占 20%～30%），此外还含有少量的果胶、矿物质，以及果糖、蜡、淀粉、脂肪、单宁等物质。

用木材、苇草、麻、竹等原料造纸，要通过机械和化学方法把原材料截断、浸泡、粉碎，再用稀碱（例如石灰、NaOH 或 KOH 溶液）蒸煮，把原材料中各种杂质和部分半纤维素溶出，留下纤维素和部分半纤维素。从造纸原料中分离出的长短不一的纤维素长链（纸浆中还含部分半纤维素）分散在水中，加上少量填料、胶料、色料等辅助成分，就形成纸浆。纸浆在抄纸阶段，纤维素、半纤维素被均匀平铺在平面上，经晒干、整理工序，纤维素在二维平面上靠分子间作用力和氢键作用力彼此结合，形成柔软而又有一定强度、有吸水性而又能防止墨水扩散、能适应墨水笔书写的纸张。因此，普通的纸主要成分也是植物纤维素。

纤维素（图 14-2）、半纤维素是由葡萄糖、甘露糖、木糖等单糖类聚合形成的线型高分子碳水化合物。纤维素分子有一定刚性。纤维素分子中有较多羟基，有亲水性。在有水存在时，纤维素的高分子链间存在水桥。蒸发失去水分，纤维素高分子彼此靠近到一定距离能形成氢键，增强了分子间作用。由于高分子链间能形成较多氢键，分子间作用力大，赋予纤维较好的强度（图 14-3）。

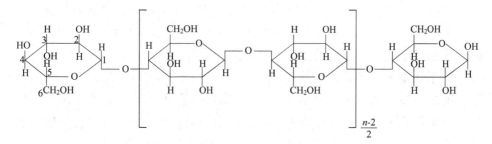

图 14-2　纤维素的结构

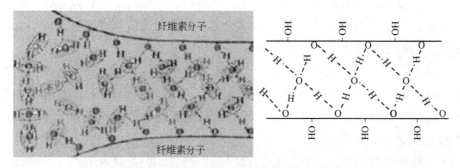

图 14-3　纤维素的高分子链间的水桥和氢键

纤维素高分子聚集在一起，长链分子的排列方向、排列状态、聚集的松紧程度对纤维的活性、物理和力学性能影响很大。木质组织中还存在木质素、树脂、果胶、灰分等物质，造纸过程要除去木质素和过多的树脂、灰分等物质，改善纤维素高分子的聚集状态，提高纸张质量。

木质素是三种醇单体（对香豆醇、松柏醇、芥子醇）形成的一种复杂酚类聚合物。聚合物中三种单元通过醚键和碳碳键相互连接，形成具有三维网状结构的生物高分子。木质素与纤维素、半纤维素等往往相互连接，形成木质素-碳水化合物复合体。木质素位于纤维素之间，起抗压作用。木质素在纸张中会阻碍纤维素间的结合，降低纸张的耐久性，使纸张容易变黄。制造纸浆时，在木材、苇草、麻等造浆原料中加入一定浓度的酸或碱溶液，经高温蒸煮，使木质素降解成可溶性的小分子化合物溶入蒸煮液；使用次氯酸盐、二氧化氯、臭氧、双氧水等氧化剂可以使木质素氧化生成羧酸、二氧化碳除去。

松木中树脂较多，它们的黏性较大，容易黏结成团，会给造纸过程（如抄纸）造成困难，还会在纸上形成透明的树脂点，降低纸的质量。在制浆过程要用碱使其水解生成可溶于水的物质除去。用稀碱液或用少量碱蒸煮也能分解溶出原料中的果胶，使之脱胶。原料中的单宁、色素，使纸浆的颜色变深不易漂白，要用热水或其他工艺抽出。植物纤维原料中的无机盐类，对一般纸张质量影响不大。但是在生产电器绝缘纸时，必须除去。

由于纤维素、半纤维素间存在不均匀的孔眼（空隙），纸张表面凹凸不平，要加入适量的填料，使表面均匀，改善平滑度，增加不透明度、柔韧性、白度和吸墨性，以适应使用要求。使用的填料都是一些无机化合物，例如，滑石粉（由一定比例结合的氧化镁、二氧化硅的化合物）、石膏粉（硫酸钙结晶水合物）、瓷土（硅铝酸盐）、沉淀碳酸钙、钛白（二氧化钛）、硫酸钡。一般印刷用纸选用滑石粉，高级印刷用纸采用高岭土和硫酸钡。填料的用量，一般占20％左右，填料过多会影响纸张质量，降低抗张力和韧性，阻碍油墨的吸收，印刷时容易掉粉。

为了填塞纸张表面的间隙，减少纸张中的毛细管作用，提高纸张的抗水性，还要加入胶料，如松香胶、聚乙烯醇、聚羧甲基纤维素、硫酸铝、明矾、淀粉、水玻璃、干酪酸等。加入的胶料还能起到改善纸张的光泽、强度和防止纸面起毛等作用。

植物纤维有一定的颜色，经漂白后仍不纯白，而是略带一些浅黄或浅绿色，要加入色料进行调色与增白处理。造白纸常用的色料为品蓝、群青等，造高级纸要加入一定的荧光增白剂。在制造有色纸时，也需要使用色料，大都使用无机颜料或有机染料。

造纸的各种原料成分不同。例如，棉花中纤维素的含量在90％以上，木材、芦苇中只含有 40%～50% 的纤维素；阔叶木（如杨木、桦木、桉木等）和草类原料中半纤维素含量高；针叶木材中，木质素含量高，棉花、亚麻则不含木质素。用于造纸的原料，纤维素、半纤维素含量要高，木质素含量要少。植物纤维要有合乎要求的强度、长度和宽度，具有足够的弹性与交织能力。原料不同，生产工艺也要随之调整。

14.2 从手工造纸术到现代造纸工艺的改进

手工造纸又叫"土法"造纸，是造纸术发明后经历代流传下来的不用机械或仅用非常简单的机械的造纸方法。手工造纸的主要原料是麻类、树皮、竹子和稻草。

我国传统的手工造纸术，有一整套大同小异的生产工序。大体的过程是：

① 浸泡，去除可溶性杂质　把不同原料按等级分开，扎成小捆，浸泡于水中（原料品种不同，浸泡时间不等）。

② 制造纸浆　用碱或石灰的水溶液在高温下处理（蒸煮或堆放发酵）原料，除掉粘连在纤维之间的果胶、木质素等，使纤维分散开来成为纸浆。再把蒸煮后的浆料装入布袋，用水洗净纸浆中的石灰渣料和溶解的杂质。而后放在向阳处，日晒 2～3 个月漂白（也可用漂白粉漂白）。

③ 把浆料捣打成泥膏状　用人力、水碓、石碾等捣打浆料，使纤维分丝和帚化，能够交织成具有一定强度的纸页。

④ 形成纸页（抄纸）　把纸浆与水放入抄纸槽内，使纸浆纤维游离、悬浮在水中，再用竹帘把纤维均匀捞起，平摊在竹帘上，形成薄薄的一层湿纸页，叠放成堆。再用压榨设施加压，使水缓慢地排出，得到具有一定强度的湿纸。

⑤ 焙纸（烘纸或晒纸）　把榨干的湿纸一张张分开，刷贴在烘壁外面，利用壁内烧火的热量，蒸干纸页。

我国的手工造纸技术十分精湛，手工制造的宣纸，质地柔韧、洁白平滑、细腻匀整、色泽耐久，是驰名中外的书画用纸。

现代造纸工艺（图 14-4），多使用化学制浆工艺，工艺过程的控制和操作更精细。造纸厂一般把原料贮存 4～6 个月，先让原料自然发酵。而后经切削（制成料片或木断）、蒸煮（加化学药液，用蒸汽蒸煮）、洗涤、筛选、净化、漂白、打浆、加入辅料、再次净化筛选、脱水、烘干、压光、打卷（或分切、裁切），制成卷筒纸（或平板纸）。

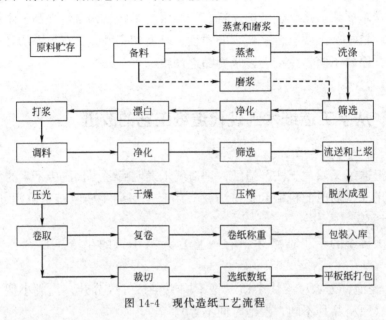

图 14-4　现代造纸工艺流程

14.3　提高纸张保存耐久性的方法

纸张中的纤维素、半纤维素平均聚合度比天然状态下纤维素高分子低（天然纤维素的平均聚合度约 10000 左右，化学造浆后降到原来的 10％～35％），纸张在保存过程中受各种因素的作用，纤维素还会降解，逐渐变质受损。当平均聚合度降到 700 以下，纸张机械性能迅速降低；低于 200 时，纸张脆裂成粉末。

纤维素高分子链中 1,4-配糖键对酸敏感，易于水解。当温度由 20℃升至 30℃时，纸变质速率增大 5.5 倍。快速变化的温度与湿度对纸制品影响极大，引起链断裂。纸中杂质（半纤维素、木质素、金属离子、染料等）会吸收光量子，并将激发能迁移到纤维素分子上并使之降解。纸张在酸、碱性水解和光氧化降解时可生成醛、呋喃、醌、甲氧基醌和芪等发色团从而导致纸的变色。过高的相对湿度影响纸的强度、耐折度、柔软性和尺寸稳定性。有些纸张保存在过高相对湿度下，由于纸内霉菌的生长和纸张内金属夹杂物（如铁粒）受到腐蚀，纸张会产生黑点（称为色斑），纸中的铜离子也会与氧

化物和空气中的 H_2S 反应生成黑点。

在纸张制造、保存、使用过程中，有多种因素会造成纸张的变质、损坏。纸浆制造过程中因为要加入某些添加剂使纸张具有抗水性能，以抑制水、墨水等各种液体的渗透，通常控制制浆 pH 在 $4.2\sim4.8$，使施胶效果最佳，在木材制浆漂白过程中也引入了酸性物质。因此，纸张本身呈酸性。另外在运输中与人体接触也给纸张带来酸性。酸性促使纤维素分子水解，使平均聚合度下降。大气中浓度不大的 SO_2 也会造成纸的损害。NO_2 与纤维素作用，氧化葡萄酐 C(6) 原子上的羟基，生成糖醛酸，也提高了酸性。大气中的氧对纸也有较大影响，氧化导致过氧化物和羧基的生成，制浆工艺中引入的 Cu^{2+}、Fe^{3+} 能催化该反应。研究发现，纸张老化与 O_2 浓度呈线性关系。高纯纤维素能吸收 $260\sim270nm$ 的紫外光，强烈地吸收低于 $200nm$ 的紫外光。吸光后的纤维素分子链变短，平均聚合度下降且生成羧基化合物。在更强的紫外辐照下，将生成醛、糖、CO、CO_2 和 H_2 等。在有氧环境下，紫外光对纤维作用会生成过氧化物，后者快速分解为自由基，引起高分子链的断裂。

为了延长纸张的保存期，永久保存用纸张印刷的珍贵书籍、字画、档案，需要采用各种保护措施。

一是要创造良好的贮存环境。如避免光照射，环境保持 $14\sim20℃$ 和最佳的相对湿度，可以降低水解速率和减轻大气氧损害。利用聚酯等高聚物薄膜覆塑可隔绝 O_2、SO_2、H_2O，使纸的贮存期延长。

二是要通过脱酸、脱色等手段处理纸张：

(1) 将纸张直接放入稀碱溶液（如 $NaHCO_3$、Na_2CO_3）中可中和纸的酸度。但是，这种方法对纸张危害大。如，会使印刷体消失；在干燥过程中纤维素的膨胀和氢链连接的共同作用下会造成纸张的变形；Na^+ 可能影响纸的稳定性；Na_2CO_3 会使纸张 pH 值变大，当 $pH>10$ 时，纸张容易氧化和变色，发生碱性水解，纤维素的配糖键部分断裂，产生新的还原性末端基，使纸张强度降低。

(2) 采用无水脱酸技术。例如，用 $Ba(OH)_2$、甲醇镁和丁氧基甘醇酸镁的甲醇溶液进行液相或气相脱酸。气相脱酸法可以大量处理纸制品。将图书放入密封箱，再放入数克 $(NH_4)_2CO_3$，后者分解产生的氨可在 4 天内中和纸中 $30\%\sim49\%$ 酸度。由于纸中残留氨逸散后，pH 会下降，这种处理方法不会产生永久效果。几年来，世界各国研究、开发了许多新的脱酸试剂、反应和工艺，取得了不少成果。例如，利用挥发性极强并能渗透到纸的微孔中的二乙基锌（DEZ）给纸张脱酸。先把纸张置于真空中除去残留水分，再在低压下将 DEZ 气注入装有纸张的容器，与酸反应：

$$(C_2H_5)_2Zn + 2H^+ \longrightarrow Zn^{2+} + 2C_2H_6$$

同时 DEZ 又与残留水反应：

$$(C_2H_5)_2Zn + H_2O \longrightarrow ZnO + 2C_2H_6$$

使纸中 ZnO 含量达 1%～3%，除去过量的 DEZ 和产生的 C_2H_6。ZnO 是很好的碱性缓冲剂，可抑制大气中的酸性气体的侵蚀。

该方法也存在一些小缺点：一是 ZnO 可促进纤维素的紫外光降解；二是 DEZ 易燃：

$$(C_2H_5)_2Zn + 7O_2 \longrightarrow ZnO + 4CO_2\uparrow + 5H_2O$$

由于纸张很少暴露在紫外光下贮存，且在低压下 DEZ 的燃烧较易控制，上述问题不会造成太大影响。而且，DEZ 法费用较低，每年可以挽救数以百万计的图书，处理后的书可保存数百年，因此 DEZ 法不失为一个较好的方法。

(3) 除上述工艺外，世界各国还研究开发了其他新方法。如甲氧基镁甲基碳酸盐的合成法。该法的脱酸原理是利用空气中的 CO_2 与甲氧基镁反应，生成甲氧基镁甲基碳酸盐（$CH_3OMgOCOOCH_3$）沉积在纸上，后者可与空气中的水汽反应，生成可以除酸的 MgO、$Mg(OH)_2$ 和 $MgCO_3$。

脱酸过程分为三步：①将纸张在真空下干燥；②把纸张放入甲氧基镁的甲醇、氟里昂 12、氟里昂 113 溶液中浸渍 50min；③真空下除去纸张内溶剂并回收循环使用。

发生的反应如下：

$$Mg(OCH_3)_2 + CO_2 \longrightarrow CH_3OMgOCOOCH_3$$

沉积在纸上的甲氧基镁甲基碳酸盐与空气中的水汽反应：

$$CH_3OMgOCOOCH_3 + H_2O \longrightarrow MgO + CO_2 + 2CH_3OH$$
$$CH_3OMgOCOOCH_3 + 2H_2O \longrightarrow Mg(OH)_2 + CO_2 + 2CH_3OH$$
$$CH_3OMgOCOOCH_3 + H_2O \longrightarrow MgCO_3 + 2CH_3OH$$

生成的 MgO、$Mg(OH)_2$ 和 $MgCO_3$ 中和纸中的酸，形成镁盐。镁盐已被证实可防止纤维素的氧化降解。该项技术已成功应用于英国、法国和加拿大的许多图书馆的图书保存。今后这一方法的研究方向是研究新溶剂代替氟里昂 12、氟里昂 113，以保护臭氧层。

此外，为从根本上克服酸性抄纸带来的问题，纸浆施胶过程应从酸性向中性及碱性发展。目前，已在这方面取得一定进展。为了防止纸的霉变，可以在调浆时加入防霉剂或用熏蒸防霉剂。利用熏蒸杀虫剂（如磷化锌、磷化铝）也可有效杀虫。

纸张保存过程变质受损的机理与防护是一个比较复杂的课题。酸催化水解、氧和光的降解与变色的很多因素有待进一步探索。纸的原料成分复杂，品种规格众多，加工工艺不同，加入各种添加剂的种类不同，在印刷过程中和后处理中也会加入新的物质，因此要查明各种因素的影响还有待进一步研究。纸张变质速度只能减慢，而无法杜绝。一方面要采用高新技术自动跟踪监测纸张在保存过程的动态变化，作出定量评价，建立有效快速的老化评价方法，开发新的保存方法；另一方面，要研究改变传统造纸工艺，开发廉价而有效的中性、碱性纸浆施胶剂。

14.4 合成纸（石头纸）的制造

造纸要消耗许多木材、化学品、能源和人力资源，要产生许多废气、废液。我国一年用于造纸的木材就达 $10^7 \mathrm{m}^3$ 以上。为了保护森林、节能减排、保护环境，我们要节约身边的每一张纸，要开发不用植物纤维制造的纸张。合成纸的出现（图 14-5），突破了沿用了 2000 多年以木浆、草浆为原料的造纸技术，是一个不小的创新。

图 14-5　合成纸制品

合成纸的外观无异于传统的纸张，触摸起来要更有韧性，不易撕破，防水防油且无毒，可替代传统的部分功能性纸张、专业性纸张，又能替代大部分传统的塑料包装物。它可以书写，可以做笔记本、新闻纸，可以制作购物袋、桌布。合成纸具有良好的阻燃效果，适合做室内装饰类产品。

合成纸主要成分不是纤维素，它是一种介于纸张和塑料之间的新型材料。其主要原料是碳酸钙和高分子材料，碳酸钙等无机粉料是合成纸的主要成分（含量达 70%~80%），合成高分子化合物［包括合成树脂、化学助剂，如高密度聚乙烯（PE）和聚丙烯（PP）等］为辅料（含量为 20%~30%）。合成纸的制造是利用高分子界面化学原理和高分子改性，把无机粉料原料和合成树脂、化学助剂混合物经特殊工艺处理后，采用聚合物挤出、压延等工艺成型（图 14-6）。

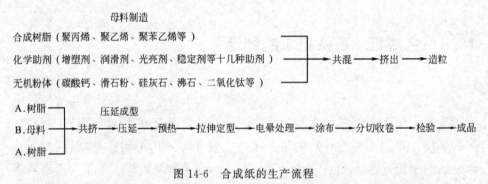

图 14-6　合成纸的生产流程

碳酸钙主要来源于方解石、大理石、石灰石等矿石。高密度聚乙烯（HDPE）和聚丙烯（PP），可以用石油化工产品乙烯、丙烯合成。合成纸的制造中，使用的无机化合物原料除碳酸钙外，还使用少量钛白粉（TiO_2）、白土；使用的有机化合物原料除无毒的高密度聚乙烯和聚丙烯外，还有少量脂肪酸、硬脂酸助剂（占 2%~8%）。生产过程不排放废气、废渣。

合成纸生产成本低，具有可控性降解的特点。它的成本比同类产品低10%~20%。在阳光照射下合成纸 3 个月就可以降解，埋在地下一年可以降解，降解后为石头粉末，解决了传统造纸生产排放的废水、废气、废渣给环境带来的危害，以及大量塑料包装物的使用所造成的白色污染、大量石油资源浪费的问题。

15

微生物是物质转化的高手

    科学家认为个体难以用肉眼观察的一切微小生物都是微生物。但是，有些微生物是肉眼可以看见的，如属于真菌的蘑菇、灵芝等。人类运用化学方法实现物质的转化、制造以及合成新物质，微生物在生存、繁衍和活动过程中也在实现物质的分解、转化以及新物质的制造和创造。而且，微生物转化、合成新物质效率之高、条件之平和，让人们惊叹。

15.1 自然界中的微生物

    微生物是地球上最早存在的生命。据古生物学家研究，现在还存在的一些极端嗜热的古细菌和甲烷菌可能最接近于地球上最古老的生命形式。澳大利亚西部瓦拉伍那群中 35 亿年前的微生物，可能是地球上最早的生命证据。微生物在地球上大量存在，人类现今发现的微生物在自然界中存在的微生物中只占很少一部分（图 15-1）。

    人们熟悉的微生物包括细菌、病毒、真菌和少数藻类。细菌是单细胞微生物，用肉眼无法看见，需要用显微镜来观察。病毒是一类由核酸和蛋白质等少数几种成分组成的"非细胞生物"，但是它的生存必须依赖于活细胞。我国还把立克次氏体（能引起斑疹伤寒）、支原体（能引起肺炎、尿路感染）、衣原体（能引起沙眼、泌尿生殖道感染）、螺旋体（能引起皮肤病、血液感染，如梅毒、钩端螺旋体病）也列入微生物范围。

    微生物的生存也需要水、无机盐、能提供所需碳元素或氮元素的营养物质（称为碳源或氮源）。微生物可以从周围环境中的有机物质（糖类、油脂、

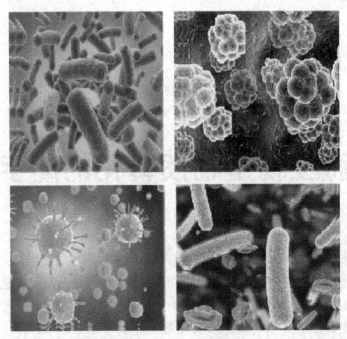

图 15-1　多种多样的微生物

有机酸及有机酸酯和小分子醇）和无机含氮物质获得这些营养物质。有些微生物能够在氧气不足或无氧气的情况下，完成生物化学反应，生存繁衍，它们被称为厌氧微生物。相反，需要氧气的微生物称为好氧微生物。厌氧微生物绝大多数为细菌，有少量是放线菌，极少量是支原体。自然界中，厌氧微生物一般生存于常温的无氧和少氧环境中。最近还发现有生存于高温环境（100～103℃甚至高达 105℃）的超嗜热专性厌氧细菌、能生长在南极的嗜冷厌氧菌、能在 22%～25% 盐浓度中生长的厌氧发酵嗜盐菌。人体中也存在种类众多的厌氧微生物。

　　微生物体积很小，如一个典型的球菌，其体积约 $1mm^3$，可是其表面积却很大。这个特征赋予微生物代谢快等特性。微生物通常具有极其高效的生物化学转化能力。例如，乳糖菌在 1h 之内能够分解其自身重量 1000～10000 倍的乳糖，产朊假丝酵母菌的蛋白合成能力是大豆蛋白合成能力的 100 倍。微生物还具有极高的生长繁殖速度。大肠杆菌能够在 12.5～20min 内繁殖 1 次。从理论上计算，1 个大肠杆菌如果 20min 分裂 1 次，1h 3 次，1 昼夜 24h 可分裂 72 次，约可生成 4722366500 万亿（2 的 72 次方）个。当然，由于各种条件的限制，如营养缺失、竞争加剧、生存环境恶化等原因，微生物无法完全达到这种指数级增长。已知大多数微生物生长的最佳 pH 为

7.0附近（6.6～7.5），部分则低于4.0。

　　微生物的这些特性使它在自然界中、在人类生活中产生了很大的影响。它们在生存过程中，不断高效地促使物质发生分解、转化，为自然界、为人类社会做出许多贡献。正因为微生物能使死亡的动植物腐败、分解、转化，才不至于到处充斥着动植物的残骸，才能使世界上的生命物质生生不息。沉积在沼泽底部的植物残体，在隔绝空气的情况下，由于厌氧微生物（包括甲烷化细菌）的作用腐败分解转化，生成沼气，形成无害化的农肥。沼气主要成分甲烷占60%～70%（体积分数），其次为二氧化碳及少量氮气。沼气热值为19.6～29.4MJ/m³，产量大的制气装置，气体经净化脱二氧化碳、硫化氢后可作动力燃料；还可使用沼气点灯照明。人们利用人畜粪便、动植物碎料、污水和垃圾等有机物（主要成分是纤维素），在厌氧细菌和隔绝空气条件下经沤化（发酵），也能产生沼气。沼气池内经发酵后的残渣，其氮、磷、钾等相对含量比新鲜物高，且其中大量的害虫卵、杂草籽在发酵过程中被无害化，是很好的农肥。

　　微生物如细菌，在合适条件下，20min就增殖一代，在这短暂的时间里，可以合成新细胞内的全部复杂物质，体内发生的生物化学反应速率极快。在其他生物中也一样，动物吃下的肉，在消化道中，几小时就能完全消化分解。在实验室中，复杂有机化合物的分解、合成，需要高温、强酸（强碱）等剧烈条件。生物体内没有这些条件，物质的分解、转化、合成却能高效地进行，这是为什么？

　　研究证明，微生物能高效地转化物质原因在于它们体内普遍存在生物催化剂——酶，各种微生物在生长过程中会产生大量的酶。几乎所有的酶都是由氨基酸组成的高分子化合物——蛋白质。它不同于其他蛋白质，是高效的生物催化剂。但是，酶很容易受某些因素的影响（如加热、紫外线照射和某些化学试剂的作用），失去活性。酶的催化活性很强，能大大降低反应的活化能。酶催化反应的速率比非催化反应要高10^8～10^{20}倍。双氧水（H_2O_2的水溶液）的分解活化能是75.2kJ/mol，有过氧化氢酶催化时，反应活化能仅为8.36kJ/mol。酶的作用具有高度的专一性，酶对它所作用的物质（底物）有严格的选择性。一种酶只能催化某一类化学物质，甚至只与某一种物质起化学变化。例如酯酶只能水解酯类，肽酶只能水解肽类，糖苷酶只能水解糖苷，过氧化氢酶只能催化过氧化氢分解，不能催化其他化学反应。细胞代谢能够有条不紊地进行，与酶的专一性是分不开的。

　　酶的大分子中，只有一定的区域具有催化能力，科学家把这一有催化能力的区域称为催化活性中心。一些酶（如淀粉酶、蛋白酶）的活性仅决定于它的蛋白质结构，活性中心在蛋白质中的某几个氨基酸的残基（或这些残基上的某些基团）上。另一些酶的催化活性则决定于它的蛋白质与某种非蛋白质的辅助因子的结合。这种辅助因子，包括某些金属离子和有机化合物。辅助因子以共价键或氢键等与酶中的蛋白质结合，相应地被分别称为辅基或辅酶。含有辅基或辅酶的酶的活性中心就在辅基或辅酶中的某一部分上。酶分子的其他非活性中心区域则为活性中心的形成提供结构基础。

酶是怎样发挥对化学反应的催化作用呢？科学家曾以"锁和钥匙"作比喻，说明酶与底物的识别作用。"锁与钥匙学说"认为底物分子或底物分子的一部分像钥匙那样，只能专一地楔入到酶的活性中心部位。底物分子进行化学反应的部位与酶分子上有催化效能的基团间具有紧密互补的关系。底物只能楔入与它互补的酶表面。如果底物是一对对映异构体（它们含有相同基团，但基团的空间排列不同），只有底物与酶的活性中心在三点位置上都互补匹配的一个异构体时，酶才能对底物发挥作用。

继"锁与钥匙学说"，科学家又提出了"诱导契合"假说，来描述酶和底物的选择性结合。该假说认为，酶的活性中心的构象有相对的柔性，酶分子与底物分子接近时，酶蛋白会受底物分子的诱导，发生构象变化，变化的结果有利于它和底物的结合，酶与底物在此基础上能互补契合，发生反应。图 15-2 是酶和底物互补契合的示意图。

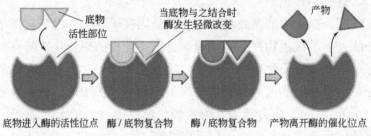

图 15-2 酶与底物互补契合

15.2 辩证地看待微生物和人类的关系

谈到微生物，有些人就会想到微生物所导致的流行性传染病。确实，人类疾病中有 50% 是由病毒引起的。世界卫生组织公布的资料显示：传染病的发病率和病死率在所有疾病中占据第一位。微生物导致人类疾病的历史，也就是人类与之不断斗争的历史。在疾病的预防和治疗方面，人类取得了长足的进步，但是新现和再现的微生物感染还是不断发生，大量的病毒性疾病一直缺乏有效的治疗药物，一些疾病的致病机制并不清楚。大量的广谱抗生素的滥用造成了强大的选择压力，使许多菌株发生变异，导致耐药性的产生，人类健康受到新的威胁。一些分节段的病毒之间可以通过重组或重配发生变异，最典型的例子就是流行性感冒病毒。每次流感大流行时流感病毒都与前次导致感染的株型发生了变异，这种快速的变异给疫苗的设计和治疗造成了很大的障碍；而耐药性结核杆菌的出现使原本已近控制住的结核感染又在世界范围内猖獗起来。

但是，微生物的种类达几万种，只有一少部分能致病，有些能引起食品气味和组织结构发生不良变化，使食品变质、腐败。而大多数微生物对人类有益。如人肠道中即有大量细菌存在，其中包含的细菌种类高达上百种。这些菌群相互依存，互惠共生，在食物、有毒物质甚至药物的分解与吸收过程中发挥着重大作用。一旦菌群失调，就会引起腹泻等疾病。

抗生素是人们从放线菌等的代谢产物中筛选出来的。抗生素的使用在第二次世界大战中挽救了无数人的生命。第一种抗生素——青霉素是1929年弗莱明（Fleming）从青霉菌抑制其他细菌生长的现象发现的。能在极端环境下生长的极端微生物（嗜极菌），不仅能在极端环境下生存、繁衍，还具有转化物质的巨大能力。例如，有一种嗜极菌暴露于数千倍强度的辐射下仍能存活，而人类一个剂量强度就会死亡。该细菌的染色体在接受几百万拉德 α 射线后粉碎为数百个片段，但能在一天内将其恢复。人们研究这些极端微生物的基因组，希望能从分子水平研究极限条件下微生物的适应性，加深对生命本质的认识。研究嗜极菌DNA修复机制对于发展在辐射污染区进行环境的生物治理非常有意义。

微生物是实现物质转化的高手。人们早就利用微生物来生产如奶酪、面包、泡菜、啤酒和葡萄酒等食品，现代生活中人们还把微生物直接作为洗衣粉的添加剂。工业上利用微生物的领域，涉及食品、制药、冶金、采矿、石油、皮革、轻化工等多种行业。如通过微生物发酵途径生产抗生素、丁醇、维生素C以及各种酶制剂和一些风味食品；某些特殊微生物酶参与皮革脱毛、冶金、采油采矿等生产过程；另外还有一些微生物的代谢产物可以作为天然的微生物杀虫剂广泛应用于农业生产；利用铁、硫氧化细菌进行铜、铀、金、锰等几乎所有金属硫化矿的浸出；利用微生物去除化工和矿业废水中重金属离子的应用也已接近工业化。

15.3 微生物的发酵作用及其利用

在某些微生物作用下，糖类等有机化合物在不消耗氧的情况下把氢原子转移到其他物质中，被氧化、分解释放出能量，这一过程称为厌氧发酵。厌氧发酵由发酵细菌（纤维素分解菌和蛋白质水解菌）起作用，可以发酵的有机物有糖类、有机酸、氨基酸等。厌氧发酵通常在无氧条件下进行，但有时在氧气存在时也可以发生。厌氧发酵通过微生物的代谢活动进行，同时伴有甲烷和 CO_2 产生。在发酵条件下有机物只是部分地被氧化，因此只释放出一小部分的能量，不及有氧呼吸产生的多，但是已经足够提供这些微生物所需要的能量。

在一定的条件下，某种微生物大量繁殖、生长，产生相应的酶，使用于发酵的物质发生的特定反应，分解、转化为产品，这就是发酵工艺。发酵工艺是人类利用最早、应用最广泛的工艺，也是现代科学技术中，直接利用微生物的典型例子，是微生物学对人类生活、健康影响最大、贡献最为突出的成就。

发酵工艺（图 15-3）在医药工业、食品工业、能源工业、化学工业和农业等领域都有广泛的应用。

图 15-3 发酵工艺的发酵罐

利用微生物在一定条件下进行发酵，可以用谷物等农产品制造多种发酵食品（图 15-4）。微生物在大量繁殖后会留下许多代谢产物，如蛋白质、氨基酸、有机酸、维生素等，这些代谢产物不但增加了食品的营养，同时也增加了食品的风味。

图 15-4   发酵食品

例如果酒、啤酒、白酒等酒均是利用酿酒酵母，将葡萄糖转化为酒精。酵母将果汁中或发酵液中的葡萄糖，转化为酒精，而其他营养成分会部分被酵母利用，产生一些代谢产物，如氨基酸、维生素等，也会进入发酵的酒液中。因此，果酒和啤酒营养价值较高。白酒是发酵液经过蒸馏得到的，主要成分是水和酒精，以及一些加热后易挥发物质，如各种酯类、醇类和少量低碳醛、酮类化合物。

发酵生产的醋是由醋酸菌在好氧条件下发酵，将固体发酵产生的酒精转化为醋酸。由于使用的微生物菌种或曲种的差异，在葡萄糖发酵过程中会产生乳酸或其他有机酸，因而使醋有不同的风味。

发酵酱油是以大豆为主要原料（还可用麦麸、小麦、玉米等）经粉碎制成固体培养基，在好氧条件下，利用产生蛋白酶的霉菌（如黑曲霉）进行发酵。微生物在生长过程中会产生大量的蛋白酶，将培养基中的蛋白质水解成小分子的肽和氨基酸，然后淋洗、调制成酱油产品。酱油富含氨基酸和肽，具有特殊香味。

酸奶是牛奶在厌氧条件下，由乳酸菌发酵，将乳糖分解，并进一步发酵产生乳酸及其他有机酸、某些芳香物质和维生素；同时蛋白质也部分发生水解。因此，酸奶营养丰富、易消化。酸奶含乳糖少，适合于乳糖不适应症的人饮用。

微生物发酵的酒酿，是大米经蒸煮后，接种根霉，在好氧条件下，发酵生成含低浓度酒精和不同糖分的食品。根霉在生长时会产生大量的淀粉酶，将大米中的淀粉水解成葡萄糖，同时利用部分葡萄糖发酵产生酒精。由于使用的根霉菌种不同，可以生产不同酒精度、不同甜度和不同香味的酒酿。

微生物发酵面包都是利用活性干酵母（面包酵母），经活化后与面粉混合发酵，再加入各种添加剂，经烤制生产的。面粉发酵后淀粉结构发生改变，变得易于消化、易于吸收。

微生物菌体内含有丰富的蛋白质。用工农业废料（如制糖厂的废料糖蜜和某些制酒厂、造纸厂的废液，农、林业下脚料中的糖、淀粉和纤维素等有机物）及石油化工产品通过发酵法，可以生产人工培养的微生物菌体（如酵母菌），作为蛋白质资源，用作动物饲料。这些单细胞蛋白质不是纯蛋白质，是由蛋白质、脂肪、碳水化合物、核酸及不是蛋白质的含氮化合物、维生素和无机化合物等混合物组成的细胞质团。大多数单细胞蛋白质生产过程是在无菌条件下进行的，要求成品不受其他微生物，尤其是人体病原体的污染。

1957年前，氨基酸的生产方法是将蛋白质或多肽用酸水解得到。1957年后，出现了利用谷氨酸棒状杆菌从葡萄糖发酵生产L-谷氨酸。现在，用于医药、食品添加剂、人造皮革、化妆品等方面的氨基酸，绝大多数都可通过发酵法生产。

现代酶制剂的工业生产主要也是应用微生物学方法进行的。酶的来源为微生物、动物和植物。微生物容易培养、繁殖快、产量高，用动物、植物制造的酶都可以用微生物来制造。利用微生物制造的酶制剂，在食品工业中的应用也日益广泛。21世纪，科学家们应用生物工程改造了许多微生物菌种，使其更好地发挥有益作用，为人类提供更多更好的产品。

沼气发酵也是在厌氧条件下进行的。参与发酵的微生物（沼气细菌）数量巨大，种类繁多。人畜粪便、秸秆、污水等各种有机物在密封的沼气池内，各种微生物在适合的条件下，进行生长繁殖和新陈代谢过程，把各种固体或是溶解状态的复杂有机物，按照各自营养需要，进行分解转化，最终生成沼气。

在化工领域，人们利用微生物通过发酵，制造许多化学品。例如，自1913年，人们就开始以玉米为原料大规模利用发酵工艺生产丙酮、丁醇、异丁醇。某些有机酸如柠檬酸也可以用发酵法生产。

丙酮、丁醇是利用丙丁梭菌，以淀粉质、糖质和纤维质为培养基，使用严格的厌气发酵，然后经过精馏得到。发酵法制造异丁醇工艺的发明，得益于基因工程。科学家发现养产碱杆菌在基本营养物质来源（如硝酸盐和磷酸盐）受到限制时，就会进入储碳模式，尽可能从环境中获取含碳物质，并将其以多聚体结构储存起来。科学家们通过基因工程，修补真养产碱杆菌的基因表达，使它能将二氧化碳作为碳源，转变为异丁醇。在实验室环境中，这些微生物还可以将果糖作为碳源生产异丁醇。这一方法发明之前，工业上是以丙烯与合成气为原料，在钴催化剂存在下，在 10～20MPa 和 130～160℃下进行羰基合成，先制得正、异丁醛，产品脱催化剂后，再用镍或铜作催化剂通过气相加氢反应生成正、异丁醇，产品经脱水分离后，得到成品：

$$CH_3CH \!=\! CH_2 + CO + H_2 \longrightarrow CH_3CH_2CH_2CHO + (CH_3)_2CHCHO$$

$$CH_3CH_2CH_2CHO + H_2 \longrightarrow CH_3CH_2CH_2OH$$

$$(CH_3)_2CHCHO + H_2 \longrightarrow (CH_3)_2CHCH_2OH$$

15.4 开辟微生物利用的新途径

现在，科学家们在研究解决当代环境问题、能源紧缺问题时，也开始重视微生物的利用研究。例如：

(1) 寻找能降解塑料和农药的微生物 石油化工生产的塑料由于物理化学结构稳定，在自然环境中可能数十至数百年不会被分解。每年全世界有4000 万吨的废弃塑料在环境中积累。我国农膜年产量达百万吨，且以每年10％的速度递增，无论覆盖何种作物，所有覆膜土壤都有残膜。据统计，我国农膜年残留量高达 35 万吨，残膜率达 42％，大量残膜遗留在农田 0～30cm 的耕作层。也就是说，有近一半的农膜残留在土壤中，在食品安全方面是一个极大隐患。

科学家研究发现，塑料在土壤中要完全被某些微生物同化，降解成 CO_2 和水，可能需要 200～400 年时间。而某些昆虫、微生物体内存在能够分解纤维素、塑料等物质的酶。利用它们能快速分解纤维素、降解塑料，消除污染、促进资源的再生利用。

科学家发现塑料在黄粉虫（面包虫）肠道会快速发生生物降解。黄粉虫的幼虫可降解聚苯乙烯这类最难降解的塑料（图 15-5）。因为它们的肠道存在能降解聚乙烯薄膜的两种菌株（肠杆菌属 YT1 和芽孢杆菌 YP1）。研究发现，以聚苯乙烯泡沫塑料作为唯一食源，黄粉虫幼虫可存活 1 个月以上，最后发育成成虫，它啃食的聚苯乙烯被完全降解矿化为 CO_2 或同化为虫体脂肪。此发现为解决全球性的塑料污染问题提供了思路。

上述研究成果是北京航空航天大学杨军教授的研究团队在塑料生物降解研究中发现的。他们在研究中，使用了土壤中的多种无脊椎动物，如蚯蚓、

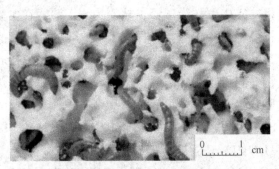

图 15-5 能"吃"塑料的黄粉虫

千足虫、蛞蝓、蜗牛等，给它们饲喂^{14}C 标记的聚氯乙烯（PVC）、聚乙烯（PE）和聚丙烯（PP）塑料，证明它们都无法降解这些塑料。2014 年，他们在进一步研究中发现，蜡虫（印度谷螟幼虫）能够咀嚼和进食 PE 薄膜。因为蜡虫幼虫肠道能分离出能降解 PE 薄膜的两种菌株（肠杆菌属 YT1 和芽孢杆菌 YP1）。随后又发现，黄粉虫（又叫面包虫，原产北美洲，20 世纪50 年代从苏联引进中国饲养）的幼虫是一种能吃掉塑料的动物。黄粉虫尺寸比蜡虫更大（通常长 35mm，宽度 3mm），它可以将泡沫塑料作为唯一食品。

研究团队分别用常规麦麸、聚苯乙烯泡沫塑料饲养两组黄粉虫，并和停食的一组做对照。麸皮、泡沫塑料的水含量和营养价值较低，但在 16 天实验期内，以泡沫塑料为单一食源喂养黄粉虫幼虫，对比正常饲养和停食的幼虫，幼虫干重比正常饲养的幼虫增加 0.2%，而停食的幼虫干重明显降低（-24.9%）。喂食塑料和麸皮的两组幼虫的存活率无明显差异。试验研究还发现，100 只黄粉虫每天可以吃掉 34～39mg 的泡沫塑料。在 16 天的试验期内，虫子摄入的泡沫塑料中 47.7% 转化为 CO_2。而残留物（约 49.2%）被转化为生物降解颗粒排泄出体外。而且幼虫肠道内聚苯乙烯泡沫停留时间不超过 24h 就降解。过了 1 个月后，用聚苯乙烯泡沫塑料作为唯一食物的幼虫，与那些喂以正常食物（麦麸）的幼虫健康情况一样，最后发育成甲壳成虫。试验证实，在幼虫肠道中聚苯乙烯长链分子通过虫子的肠道后，摄入的泡沫塑料的化学结构和组成发生变化，断裂形成虫子代谢产物随着粪便排出。

研究团队在幼虫肠道中成功分离出可以利用聚苯乙烯为唯一碳源进行生长的聚苯乙烯降解细菌——微小杆菌 YT2。该菌株已保存在中国微生物菌种保藏管理委员会普通微生物中心和国家基因库，是国际上报道的第一株保存在菌种中心的聚苯乙烯降解细菌。研究团队发现黄粉幼虫啮食降解聚苯乙烯机理为：第一步，泡沫塑料首先被黄粉幼虫嚼噬成细小碎片并摄入肠道中；第二步，嚼噬作用增加了聚苯乙烯泡沫与微生物和胞外酶的接触面积，所摄食的碎片在肠道微生物所分泌的胞外酶作用下，进一步解聚成小分子产物；第三步，这些小分子产物在多种酶菌和黄粉幼虫自身酶的作用下，进一步降解并同化形成幼虫自身组织；第四步，残留的泡沫碎片与部分降解中间产物，混合部分肠道微生物，以虫粪的形态排泄出体内，在虫粪中泡沫塑料可能还会进一步降解。

　　科学家也在研究寻找能"吃"塑料的真菌。图 15-6 显示在培养皿中培养的一种真菌。20 世纪 90 年代我国就开始真菌降解塑料的研究，前前后后发现了 80 多种可以降解塑料的真菌，但是，大多数真菌降解效率不理想。近来，有报道称我国已经发现了一种可以"吃"塑料的真菌——塔宾曲霉菌。该项研究成果已经发表在国际权威科技周刊《环境污染》上。塔宾曲霉菌是一种新型的菌种，它可以在塑料上生长，破坏塑料分子间的聚合状态，从而一点点地分解塑料。在这种真菌的作用下，普通塑料在两个月后基本完成降解。这个成果是令人欣喜和兴奋的。

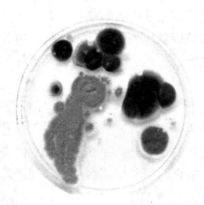

图 15-6　培养皿中的真菌

　　农业上要使用农药杀灭害虫。但农药利用率一般为 10%，90% 残留在环境中。长期大量地使用农药，使环境中的有害物质大大增多，危害到生态和人类，形成农药污染。据报道，我国化学农药每年使用面积达 1.8 亿公顷。20 世纪 50 年代以来使用的 666 达到 400 万吨、DDT 50 多万吨，受污染的农田 1330 万公顷。消除残留农药是保护环境的一个重要课题。

　　20 世纪 60 年代之后，科学家发现土壤中的一些微生物（假单胞菌属）可以降解除草剂、杀虫剂、制冷剂等非生物源物质，可以分解 100 多种有毒废弃物。这些微生物有多种细胞内的质粒或染色体上的与有毒废弃物降解有关的酶。科学家们由此发明了厌气发酵法和好气发酵法等有毒废弃物的微生物处理技术。

随着医学研究进入分子水平，人们认识到遗传信息决定了生物体具有的生命特征，包括外部形态以及它们的生命活动。而生物体的基因组是这些遗传信息的携带者，人们希望通过基因组研究揭示微生物的遗传机制、发现重要的功能基因，并在此基础上开发新型菌种。近几年来，研究能降解农药的基因工程菌，解决农药残留问题，被提到日程上。例如，常见的大肠杆菌不具有降解化学农药的功能，如果能将有机磷水解酶基因通过基因重组方法转入大肠杆菌，制成的大肠杆菌即成为具有生物活性、能降解化学农药的基因工程菌。

但是，基因工程菌的研究，存在一定的风险。虽然还没有研究显示基因工程菌究竟会对人类产生什么有害影响，但已有证据表明转基因微生物释放到土壤中，可能会改变原有微生物系统的平衡。出于对环境影响的担忧，基因工程菌研究目前主要是试验性的，在小范围中应用。基因工程菌带有外源性基因，为了防止外源性基因外流，在使用中还要严格限制。

大规模使用基因工程菌是很多科学家的努力方向。为了防止出现不利的影响，跟踪细菌的扩散范围就成为重要环节。研制带荧光标记的基因工程菌可以实现这个目的。这样就能通过监测特定的荧光标记，掌握基因工程菌的流向。

针对基因工程菌，科学家还在研究让细菌完成任务后在一定条件（温度、化学条件等）下失去活性而死亡。通过基因工程技术，转入可以诱导表达的致死基因，在一定条件下让基因工程菌死亡；改变某块水域或者土壤里某种化学物质的含量，可以诱导基因工程菌在需要降解的农药浓度已经降低到一定程度后"自杀"，当然被选用的物质毒性一定是很低、不构成污染的。这一设想不仅仅适合于降解农药的基因工程菌培养，使基因工程菌的利用不产生环境安全问题，理论上可以用于任何需要控制其死亡的微生物的培养。

(2) 研究利用微生物制氢的途径 某些微生物体内存在固氮酶、氢酶。固氮酶是由两种蛋白质构成的金属复合蛋白酶，具有催化还原氮气生成氨的作用，同时生成副产物——氢气。氢酶是某些微生物体内调节氢代谢作用的活性蛋白。氢酶有吸氢酶和可逆性氢酶两种，吸氢酶可以吸收固氮酶产生的氢气，可逆性氢酶吸氢过程是可逆的。绿藻、蓝细菌、光合细菌、发酵细菌等微生物体内存在固氮酶、氢酶，可以在一定条件下从水、有机废料出发，通过发酵、光合作用或降解大分子有机物制氢。

目前科学家们研究的生物制氢有多种方法。例如：

① 蓝细菌和绿藻产氢　蓝细菌是自养型微生物，它能吸收太阳光的光能，通过光合作用把水和二氧化碳形成有机物，供自己生存需要：

$$12H_2O + 6CO_2 \longrightarrow C_6H_{12}O_6 + 6O_2 + 6H_2O$$

同时它还能吸收太阳光光能，在氢酶作用下，把多余有机物分解、还原生成氢气：

$$C_6H_{12}O_6 + 12H_2O \longrightarrow 12H_2 + 6CO_2 + 6H_2O$$

绿藻在有阳光时，能进行光合作用把水和二氧化碳形成有机物，供自己生存需要；在缺少含硫营养元素、厌氧（缺乏氧气）和光照的条件下，会以另一种生活方式生存，由氢酶催化产生氢气。

②发酵细菌产氢　有光发酵制氢、暗发酵制氢、光发酵和暗发酵耦合制氢三种。

光发酵制氢是光合细菌利用有机物通过光发酵（在有阳光条件下发酵）作用产生氢气。有机废水中含有大量可被光合细菌利用的有机物成分。光合细菌利用光能，催化有机物厌氧酵解产生小分子有机酸、醇类物质，产生氢气。

暗发酵制氢是用异养型厌氧细菌（只能将外界环境中现成的有机物作为能量和碳的来源，将这些有机物摄入体内，转变成自身的组成物质，并且储存能量的细菌。如，营腐生生活和寄生生活的真菌，大多数种类的细菌），利用工业废水和农业废弃物中存在的大量的葡萄糖、淀粉、纤维素等碳水化合物，通过暗发酵（在没有阳光条件下发酵）作用来产生氢气。

光发酵和暗发酵耦合制氢技术，比单独使用一种方法制氢具有很多优势。

③ 光合细菌产氢　光合细菌可利用多种低分子有机物光合产氢，能量利用率比发酵细菌高，速率比藻类快，能将产氢与光能利用、有机物的去除有机地耦合在一起。

目前，微生物制氢过程的黑箱尚未打开，其中的科学机理还没有弄清楚；微生物制氢技术也尚未完全成熟。目前，微生物制氢还只是在试验研究阶段，远未达到生产规模。要实现大规模应用，还需要深入研究。

(3) 微生物农药和微生物肥料的研发　科学家还在微生物农药和微生物肥料的制造领域中进行了大量卓有成效的探究工作。

例如，利用某些微生物的次级代谢产物具有抗生素、激素、生物碱、毒素及维生素的功能，将其用作微生物农药与细菌杀虫剂。由微生物发酵产生的具有农药功能的微生物次级代谢产物，称为农用抗生素。它可用于农业上防治病虫、鼠等有害生物。放线菌、真菌、细菌等微生物均能产生农用抗生素，其中放线菌产生的农用抗生素最多。目前广泛应用的许多重要农用抗生素都是从链霉菌属中分离得到的放线菌所产生的。

可以利用微生物的特定功能发酵分解城市生活垃圾与农牧业废弃物，制成微生物肥料。微生物肥料是有机肥料，其中含有多种有益植物生长的微生物。有益微生物能在植物根际生长、繁殖。在它的生命活动中，可以把空气中不能利用的分子态氮固定转化为化合态氮；解析土壤中不能利用的化合态磷、钾以及十多种微量元素，使之转化为可利用态的磷、钾和微量元素。有益微生物在根际大量繁殖，能产生大量黏多糖，与植物分泌的黏液及矿物胶体、有机胶体相结合，形成土壤团粒结构，增进土壤蓄肥、保水能力。有益微生物还能分泌生长素、细胞分裂素、赤霉素、吲哚酸等植物激素，促进作物生长，调控作物代谢，提高作物的防病、抗病能力，从而实现增产增收。

微生物农药、微生物肥料的研发、制造和应用，对于减少化肥、化学农药的使用，遏制化肥对土壤、环境的污染，以及垃圾废弃物的处理有重大意义。

当代，化学和微生物学的结合，分子生物学、基因工程的建立和发展，使得人们能从原子、分子的水平，研究微生物活动过程是如何分解、转化和制造新物质的，以更有效地利用微生物，为提高人们的生活质量、保障人类的健康、发展医疗和环境保护事业做出更大的贡献。

16

从传统分子化学概念
穿越到超分子化学

"超分子化学"的概念是 1978 年法国科学家莱恩（J. M. Lehn）首次提出的。他指出："基于共价键存在着分子化学领域，基于分子组装体和分子间键而存在着超分子化学。"超分子体系通常指两种或两种以上分子（或离子）通过非化学键结合在一起所组成的复杂的、有组织的聚集体。这种聚集体具有相对的完整性，具有特定的微观结构和宏观特性。

20 世纪中叶，三位化学家彼德森（C. J. Pedersen）、克拉姆（D. G. Carm）和莱恩（J. M. Lehn）合成了一些大环分子（如冠醚、穴醚）。这些大环化合物分子能基于非共价键作用选择性地与某些离子或有机小分子结合形成有特定功能的体系，它们具有自识别、自组装的功能。他们的创新成果获得 1987 年诺贝尔化学奖。科学家们的研究和发现，把传统化学中分子的概念颠覆了，分子不再是"保持物质化学性质的最小微粒"；分子可以通过非化学键作用力，结合成具有新的功能的超分子体系。

16.1 超越分子化学概念的超分子化学

基础化学所研究的物质分子，是同种元素或不同种元素的原子以化学键相结合构成的。无论是无机化合物还是有机化合物，无论是最简单的有机化合物甲烷，还是相对分子质量几百、几千万的高分子化合物都是如此。大量甲烷分子聚集形成甲烷气体，而甲烷分子是由一个碳原子和四个氢原子靠共价单键结合形成的。聚氯乙烯是许多聚氯乙烯高分子的聚集体，每个聚氯乙烯分子是由成千上万个 ꓕCH₂CHClꓕ 链节以共价键相连形成大分子，每个链节又是由碳原子、氢原子、氯原子以共价键结合形成的（图 16-1）。

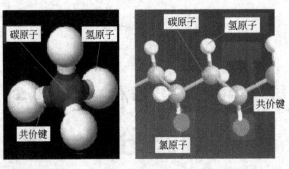

图 16-1　甲烷分子（左）、聚氯乙烯分子（右）的结构

超分子体系和共价分子不同。构成超分子体系的两种或多种分子（或离子、或其他可单独存在的具有一定化学性质的微粒），分别作为超分子体系的主体（也称受体）和客体（也称底物）。主体与客体之间是通过非化学键作用而结合的（图 16-2）。

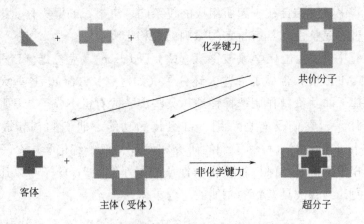

图 16-2　共价分子和超分子的形成示意图

超分子体系内主体与客体的分子间作用是分子间的弱相互作用，强度大约为共价键的 5%～10%。这种弱相互作用，通常有静电作用、氢键、范德华力、金属离子的配位键（非典型配位键）、π-π 共轭、亲水作用和疏水作用等。

例如，一类称为冠醚的杂环有机化合物（常见的冠醚是乙烯氧基 —CH₂CH₂O— 的四聚体、五聚体和六聚体，它的分子构型像皇冠），可以作为主体，能够和一个阳离子以配位结合。图 16-3 显示人工合成的一种冠醚 [18-冠(醚)-6] 在甲醇溶液中与硫氰化钾作用，18-冠(醚)-6 作为主体和钾离子形成超分子体系，钾离子处于冠醚穴孔的中心，与处于六边形顶点的氧原子配位结合，它具有夹心结构。

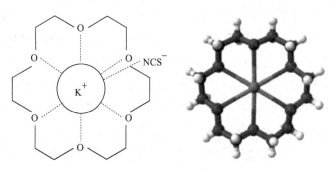

图 16-3　冠醚与钾离子通过配位结合

主客体之间的结合是有选择性的。它们间的作用，有高度的匹配性和适应性。要求分子的空间几何构型和电荷，甚至亲疏水性都要互相适应，在结构的对称性和能量上也是相匹配的。如 18-冠(醚)-6 与 Na^+ 的配位结合就比与 K^+ 的结合弱。

这种高度的选择性导致了超分子形成具有高度的识别能力。类似于酶及其底物间的作用，如锁和钥匙，必须对应、契合，在一定的位点上结合。如果客体分子有所缺陷，就无法与主体形成超分子体系。科学家把超分子体系这种非共价相互作用的高度选择性，称为"分子识别"。主体与客体间作用的方向性和选择性，决定着分子的识别和相结合位点的识别。在分子识别的基础上，可以实现主客体之间的结合，实现"分子的自组装"，形成超分子体系。分子识别功能是超分子其他功能的基础。超分子体系的分子识别、自我组装功能，是共价分子所不具备的。通过分子识别和组装，可以构成各种各样具有特定功能的超分子体系。经过精心设计的人工超分子体系也可具备分子识别、能量转换、选择催化及物质传输等功能。

在超分子系统中，虽然分子间作用力比化学键弱得多，但是通过分子间的多种相互作用协调效应，使它具备一定的整体性和稳定性，并出现了单分子所不具备的某些特性，使得超分子在催化、传输、自组织合成等方面有许多特殊的功能。

通常所说的"超分子化学"就是研究基于分子间的非共价键相互作用，以及它们之间的协同作用而生成的分子聚集体的化学。超分子化学是研究生物功能、理解生命现象、探索生命起源的一个极其重要的研究领域。超分子化学经过 20 多年的快速发展，已经与材料科学、生命科学、信息科学、纳米科学与技术等其他学科交叉融合，发展成了超分子科学。

超分子化学是超越分子的化学，它的建立给了我们许多启示。例如，分子不是具有一定化学性质的最小微粒，共价分子可以通过非共价键，构筑成各种组装体，形成新的具有特定功能的分子体系；分子间弱相互作用力具有一定的方向性和选择性，在一定条件下可叠加和协同（指超分子体系中分子间的各种相互作用，能产生一致的效果，转化为强结合能，其结合力可以不亚于化学键）；分子识别（主体对客体的选择、识别）和分子自组装构筑的超分子体系，具有完全不同于原分子的全新性能。

超分子化学的建立是共价键分子化学概念的一次升华（图 16-4）。

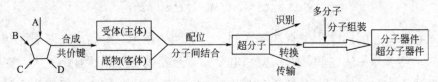

图 16-4　从分子化学到超分子化学的升华

自然界中存在着亿万个超分子体系，它们居于生命体的核心位置。在细胞内的生物化学过程都由特定的超分子体系来执行。如 DNA 与 RNA 的合成、蛋白质的表达与分解、脂肪酸合成与分解、能量转换与力学运动体系等，都离不开超分子体系的形成、超分子功能的作用。

图 16-5 显示 DNA 的三级结构。两条各由 4 种脱氧核糖核苷酸（核苷酸）按照一定的排列顺序，通过磷酸二酯键连接形成的多核苷酸长链盘旋曲折形成双螺旋结构。两条长链由互补碱基对之间的氢键和碱基对层间的堆积力而产生相互作用，构成一个完整的处于动态平衡的体系。

血红蛋白（缩写为 HB 或 HGB）是高等生物体内负责运载氧的一种蛋白质。图 16-6 显示血红蛋白的结构及其与氧分子的结合作用。血红蛋白分子有四个亚基，每个亚基由一条肽链和一个血红素分子构成，4 条肽链，有两条 α 链和两条 β 链。血红素分子是一个具有卟啉结构的小分子，在卟啉分子中心，有一个亚铁离子。血红蛋白的 4 条肽链在生理条件下会盘绕折叠成球形（因此又被称为珠蛋白），α 和 β 链隔着一个空腔彼此相向，把血红素分子包含在空腔里。卟啉中四个吡咯环上的氮原子与亚铁离子配位结合，珠蛋白肽链中第 8 位的一个组氨酸残基中的咪唑侧链上的氮原子从卟啉分子平面的上方也与亚铁离子配位结合，形成超分子体系。

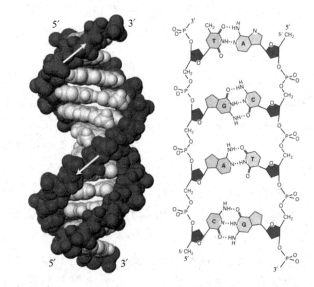

图 16-5 DNA 的结构示意图

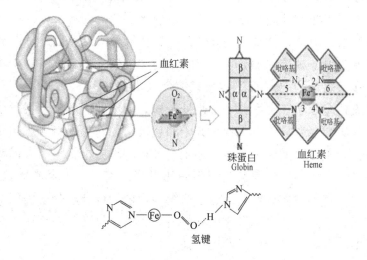

图 16-6 血红蛋白和氧的结合示意图

当血红蛋白不与氧结合的时候，有一个水分子从卟啉环下方与亚铁离子配位结合。当血红蛋白载氧的时候，氧分子顶替了不载氧时与亚铁离子配位结合的水。卟啉分子中心的六配位亚铁离子既是配位中心，又是活性中心。它可以和氧分子或二氧化碳分子配位结合。因而血红蛋白具有运输氧气和二氧化碳的功能。这种结合是动态、可逆的。血红蛋白中铁（Ⅱ）和氧分子（或二氧化碳）的可逆结合，取决于氧气（或二氧化碳）的分压。在氧气（或二氧化碳）含量高的环境中，容易与氧气（或二氧化碳）结合；在氧气

（或二氧化碳）含量低的地方，又容易与氧气（或二氧化碳）分离。因此，它能从氧分压较高的肺泡中摄取氧，并随着血液循环把氧气释放到氧分压较低的组织中去，从而起到输氧作用。

血红蛋白与氧结合的过程是一个非常神奇的过程。在血红蛋白中，一个血红素的亚价铁离子和氧分子配位结合后，它的半径大小恰好能嵌入卟啉环孔径中，可以进入卟啉环的平面内，而氧分子的另一端和末端组氨酸残基上的氮原子形成氢键，并对珠蛋白结构发生影响，造成整个血红蛋白结构的变化。这种变化使得第二个氧分子相比于第一个氧分子更容易寻找并与血红蛋白的另一个亚基中的亚铁离子配位结合，而它的结合会进一步促进第三个氧分子的结合，以此类推直到构成血红蛋白的四个亚基都与四个氧分子结合。在人体组织中释放氧的过程也是这样。在氧气稀少的环境中，血红蛋白结构的改变，对组氨酸残基、二价铁离子发生影响，氧分子和亚铁离子结合力降低，一个氧分子的离去，产生的协同效应，会刺激另一个氧分子的释放，直到完全释放所有的氧分子。当铁离子脱去配位结合的氧分子，半径发生变化，不能再嵌入卟啉环的平面中，约会高出平面 $70 \sim 80 pm$。

在血红蛋白内部，氨基酸变异非常大，和氧分子结合后，可以从一种疏水氨基酸变为另一种疏水氨基酸，为血红素提供一个疏水的微环境，防止 Fe^{2+} 与水接触氧化为 Fe^{3+} 而丧失与氧结合的功能。

可以说，超分子在生命体之中是处于核心的位置。超分子化学最初的研究内容就是研究生命科学中生物大分子的超级结构和生化特性。超分子化学的研究是在分子层次上对生命现象和生命过程的深层次认识。人们希望模拟自然，想借鉴自然界的自组装与自组织的思想，实现人工合成新颖、稳定、功能和技术上有突破的材料。超分子研究为合理的设计超分子提供了依据或启示。因而，超分子化学的研究在材料科学、信息科学，乃至在生命科学中均具有重要的理论意义和广阔的应用前景。

16.2　分子识别和自组装

自组装是形成超分子体系的基本过程，是使超分子体系高度有序的过程。分子是在识别的基础上自发组装形成超分子体系的。识别过程通常会引起体系的电学、光学性能及构象的变化，也可能引起化学性质的变化。这些变化意味着化学信息的存储、传递及处理。因此，分子识别在信息处理及传递、分子及超分子器件制备过程中也起着重要作用。

16.2.1 分子识别

科学家们用分子识别来描述构成超分子的主体（受体）对客体（底物）的选择性结合，并产生某种特定功能的过程。简单地说，分子的识别就是分子在特定的条件下通过分子间作用力的协同作用达到相互结合的过程。相互结合的两个分子应有互补性，结合部位是结构互补的，两个结合部位有相应的基团，相互之间能够产生足够的作用力，使两个分子能够结合在一起。因此，分子的识别是通过两个分子各自的结合部位来实现的。分子识别是一种普遍的生物学现象。糖链、蛋白质、核酸和脂质各自间以及他们相互之间都存在分子识别。抗体与抗原之间、酶与底物之间、激素与受体之间的专一结合都需要结构互补。

16.2.2 自组装

多个分子通过分子间非化学键的作用，自动结合成有序有组织的聚合系统的过程称为自组装。自组装普遍存在于自然界中，如生物体的细胞即是由各种生物分子自组装而成。

自组装程序可以发生在不同的尺度。例如分子首先聚集成纳米尺寸的超分子单元，这些超分子单元间的作用力促使它们在空间上做规则的排列，而使系统具有一种层级性结构。运用各种分子自组装是"由下而上"建构纳米材料非常重要的方法，被广泛应用来制备具光、电、磁、感测与催化功能的纳米材料。

自组装程序的发生通常会将系统从一个无序的状态转化成一个有序的状态，表现出单个分子或低级分子聚集体所不具有的特性与功能。原子的半径通常在 0.1nm，共价化合物分子直径大都在 0.4~2.0nm，而超分子体系的直径可达 1~50nm，超分子集聚体大小约在 1~500nm。

研究超分子自组装是为了得到一系列新材料。根据超分子自组装原则，人们可以以分子间的相互作用力为工具，把具有特定的结构和功能的组分或构成模块按照一定的方式组装成新的超分子化合物。这些新的化合物不仅仅能表现出单个分子所不具备的特有性质，还能大大增加化合物的种类和数目。如果人们能够很好地控制超分子自组装过程，就可以按照预期目标更简单、更可靠地得到具有特定结构和功能的化合物。例如，可以利用一种肽超分子组装成纳米纤维，它能用于促进神经元的生长。又如，应用超分子组装实现荷叶仿生技术，在一种金属表面构筑成一种高级结构体系，使之最终形成一层具有荷叶表面的防污垢、防腐蚀特性的坚硬致密、平整光滑的超分子膜，可以作为水处理材料。

两个世纪以来，人类创造了 2000 万种分子，原则上都可在不同层次组装成海量的、取决于组装体结构的、具有特殊功能的超分子体系，由此可见，超分子化学开拓了创造新物质与新材料的崭新的无限的发展空间。

超分子自组装的对象不仅仅局限于分子尺度，纳米和微米、甚至厘米尺度的物体在适当的条件下也能通过自组装形成高度有序结构的聚集体。将尺度在几百个纳米的聚合物或无机胶体微粒组装，采用不同方式排列，如六方密堆积的膜材料，能实现对光的调制，这为用组装方法制备光子晶体提供了一条思路。具有纳米尺度的物质通过组装，同样可以形成宏观尺度的超分子组装体材料。

生命体系中大分子的高级有序结构对其生物活性与功能起着非常重要的作用，由许多弱相互作用点共同作用使得很复杂的生物高分子形成严格一致的分子形状和尺寸，正是这种弱相互作用对大分子三维构筑的精确控制，才使得生命过程成为可能并得以实现。深入了解各种生物分子自组装过程，将对各种结构的组装有重要启迪作用。如手性是生命体的特征之一，运用超分子化学的方法，以手性化合物为模板，非手性的构筑基元可以组装出具有手性的超分子组装体，可以用来模拟生命过程中的手性识别与手性的相互作用。

超分子体系的自组装有不同层次，如从蛋白质大分子组装成特定功能的多酶组装体可分为五个层次：确定氨基酸连接的序列；形成 α 螺旋、β 折叠蛋白结构；形成蛋白质三维结构（形成亚基）；构成亚基缔合体；形成酶和多酶组装体。超分子组装体的功能产生于组装过程之中。生物超分子体系是结构复杂的微纳体系，具有自组装、自完善、自修复的特点。这种组装在开放体系中进行，不仅有物料交换，还有信息交换、组装的程序、能量交换。如何模拟生物超分子体系，构筑功能集成的超分子组装体，同时赋予超分子组装体生命物质的一些特征，如自修复、自完善功能和对外界刺激具有感知的功能等；如何实现无界面依托的三维组装；如何通过组装构筑三维的超分子器件和机器，弄清这些问题将有助于自组装理论与技术的突破。

16.3 超分子化学研究应用实例

超分子化学研究的应用极其广泛，以下列举一些简单的应用研究实例。

16.3.1 冠醚类形成的超分子体系

1967 年，一位科学家在实验中，偶然合成了一种称为二苯并 18-冠-6 的有机化合物。后来又发现了与它相似的一类大环多醚化合物，这类化合物称为冠醚。冠醚能与各种碱金属及碱土金属盐形成稳定的络合物，而且这些络合物可溶于有机溶剂。进一步研究发现，由于冠醚分子有一个洞穴结构，所含的配位原子不仅有 O、N，还包括 S、P、Se、Te 和 As 等。冠醚分子能与很多离子或中性分子通过偶极-离子作用或通过氢键形成稳定的配合物。由于它与客体形成的非共价相互作用具有很强的选择性、精确性、高效率，可应用于外消旋旋光异构体的拆分、金属离子的萃取与分离、同位素的富集与分离、模拟生物酶催化过程。例如，它能与加入的试剂中的某种金属阳离子络合，使试剂溶解于有机溶剂中，对应的阴离子也随同进入有机溶剂内。由于试剂的阴离子不与冠醚络合，它只能游离在溶剂中，因而具有很强的反应活性，能迅速参与反应。在这个过程中，冠醚把试剂带入有机溶剂中，形成"相转移催化"作用，反应速率快、条件简单、操作方便、产率高。使用冠醚进行安息香的合成，可大大提高转化率，就是一个例子。

安息香（2-羟基-1,2-二苯基乙酮）是一种无色或白色晶体，是重要的化工原料，微溶于热水和乙醚，溶于乙醇。它广泛用作感光性树脂的光敏剂、染料中间体和粉末涂料的防缩孔剂，也是一种重要的药物合成中间体。安息香的合成最早是用苯甲醛在 NaCN 作用下，于乙醇中加热回流，两分子苯甲醛之间发生缩合反应，生成安息香（图 16-7）。在水溶液中的缩合反应产率极低，如果在该水溶液中加入 7% 的冠醚，则产率可达到 78%；若反应在苯（或乙腈）中进行，加入 18-冠-6，产率可高达 95%。

16.3.2 环糊精形成的超分子体系

环糊精（CD）也是一个可以成为超分子体系受体的有机物。它是直链

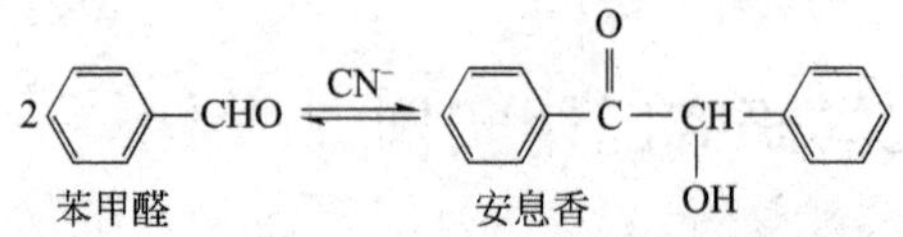

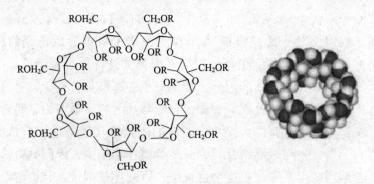

图 16-7　安息香的合成反应

淀粉在环糊精葡萄糖基转移酶作用下生成的一系列略呈锥形圆环状低聚糖的总称。环糊精通常含有 6～12 个 D-吡喃葡萄糖单元。其中研究得较多并且具有重要意义的是含有 6、7、8 个葡萄糖单元的分子，分别称为 α-环糊精、β-环糊精、γ-环糊精。图 16-8 显示 β-环糊精的结构，其中含有一个疏水内腔。环糊精的分子内腔疏水，外部亲水。这使它可依据范德华力、疏水相互作用力、主客体分子间的匹配作用，与许多有机和无机分子形成包合物，形成分子组装体系，是迄今所发现的类似于酶的理想主体分子。

图 16-8　β-环糊精的结构

　　环糊精可以形成多种超分子体系。作为构成超分子的主体，环糊精分子的空腔可以提供与客体结合的空间，当底物分子与主体分子相遇，如果三维空间排列相互匹配，在其他外在条件（如色散力、静电作用、氢键、疏水作用、范德华力等）允许的情况下，它们就可能通过非共价作用力，使得客体分子部分或全部嵌入主体内部，形成包结配合物，完成彼此间识别的过程。环糊精由于具有独特结构和性质，易于修饰，且低毒或无毒，可以在生物体内降解，在色谱、电泳、生物技术、食品添加剂、调味品、环境、农药、医药等方面得到广泛应用。

　　环糊精能有效地增加一些水溶性不良的药物在水中的溶解度和溶解速率，如前列腺素-CD 包合物能增加主药的溶解度从而制成注射剂。它还能提高某些药物（如肠康颗粒挥发油）的稳定性和生物利用度；减少药物（如穿心莲）的不良气味或苦味；降低药物（如双氯芬酸钠）的刺激和毒副作用。

环糊精与表面活性剂一起用到洗发剂及厨房清洗剂中可以减少表面活性剂对皮肤的刺激；利用环糊精还可以去除织物上的油渍。在染色工艺中，使用环糊精能够显著降低染料的初始上染速率，提高匀染性及纤维的着色量。环糊精能与污染物形成稳定的包络物，从而减少环境污染，可用于生物法处理工业废水。在空气清新剂中添加环糊精，可以缓慢释放气体分子，延长香味的作用时间。利用环糊精可以使拟除虫菊酯（一类非常重要的杀虫剂）形成可溶于水的超分子体系，不再需要需消耗大量的有机溶剂，可以解决拟除虫菊酯污染环境的问题。含不饱和脂肪酸的鱼饲料，用环糊精将脂肪酸包接，可防止其扩散入水。利用环糊精的疏水空腔生成包络物的能力，可使食品工业上许多活性成分与环糊精生成复合物，改善这些活性成分被氧化的问题，钝化光敏性和热敏性，降低挥发性，保护芳香物质和保持色素的稳定；环糊精还可以脱除异味、去除有害成分，如去除蛋黄、稀奶油等食品中的大部分胆固醇；它可以改善食品工艺和品质，如在茶叶饮料的加工中，使用 β-环糊精转溶法既能有效抑制茶汤低温浑浊物的形成，又不会破坏茶多酚、氨基酸等成分，对茶汤的色度、滋味影响最小；此外，环糊精还可以用来乳化增泡，防潮保湿，使脱水蔬菜复原等。

16.3.3 卟啉类形成的超分子体系

卟啉是一类大分子杂环化合物（图 16-9）。它可以看成是卟吩（图16-10）的衍生物。卟吩和卟啉为平面结构，环中的空隙可容纳不同的金属离子。环中的两个氮原子可以和金属离子形成配位键，另两个氮原子旁的氢原子具有弱酸性，失去氢离子后可以和金属离子形成共价键。

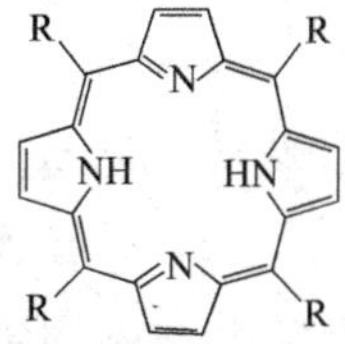

图 16-9 卟啉的分子结构

自然界和生命体中卟啉和金属卟啉广泛存在。动物体内的血红素是铁的卟啉化合物（图 16-11），血蓝素是含铜卟啉化合物。绿色植物体内的叶绿素是含镁卟啉化合物（图 16-12）。维生素 B_{12} 是钴的卟啉化合物。它们的核心结构都是卟啉的金属衍生物。这些化合物在生物体的新陈代谢中起着不可缺

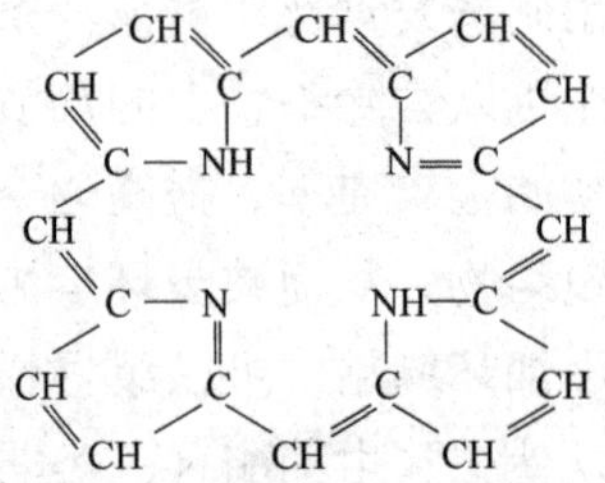

图 16-10　卟吩的分子结构

少的作用。卟啉及其衍生化合物广泛存在于生物体内与能量转移相关的重要细胞内。它们在血细胞载氧的呼吸作用或植物细胞进行光合作用的过程中，都起着关键的作用。但卟啉也易因为某些原因在体内与其他物质化合而造成卟啉症，表现为皮炎、皮癣、老年斑等。

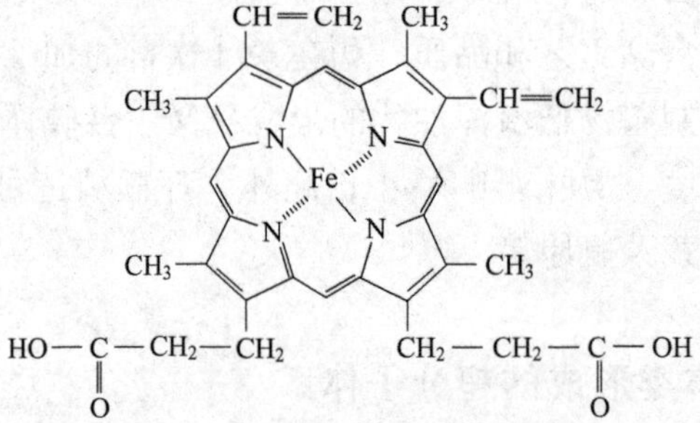

图 16-11　血红素分子结构

　　卟啉是一种识别能力很强的主体化合物。金属卟啉配合物作为主体分子有许多独特的优点。它适合作为设计立体结构分子的框架，可对多种有机和生物分子如氨基酸、核苷和糖类等进行识别，它们的分子识别研究具有广阔的前景。以卟啉作为主体分子对氨基酸酯的分子识别是近几年来超分子化学研究的热点之一。卟啉作为电子给体还可以与电子受体富勒烯、碳纳米管、碳纳米角等结合。为了模拟生物体内的酶催化体系，科学家们希望借助超分子化学的帮助。由于环糊精、冠醚、杯芳烃等自身的尺寸太小，无法满足于模拟酶催化体系中的多肽链、蛋白质结构的需要。科学家希望能找到一个合适的主体分子，而把水溶性卟啉化合物（卟啉是脂溶性的）作为客体分子，形成一个完整的超分子体系。

　　卟吩分子中的卟吩环、卟啉分子中的卟啉环（带有取代基的卟吩环）都有 26 个 π 电子，是一个高度共轭的体系，不仅能感受光子而且还能传递电子，正是这样的特性，使得它不但在光合生物中而且在几乎所有其他的生命

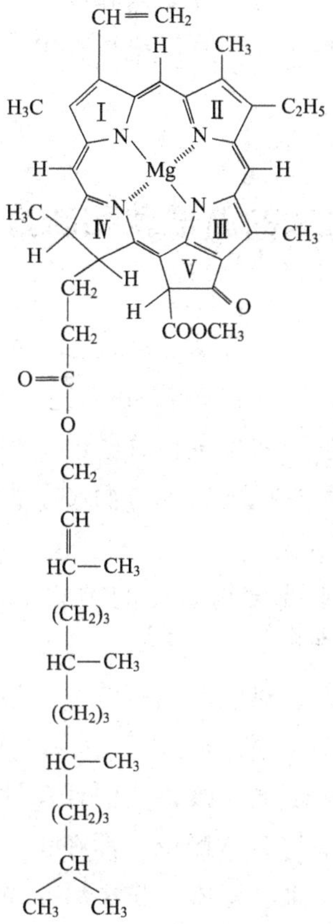

图 16-12   叶绿素 a 的分子结构

形式中都不可或缺。科学家相信卟啉在能量转移方面有着优异甚至神奇的作用。

超分子卟啉化合物分子识别及应用是近几年发展起来的，这一研究领域具有巨大的应用前景。超分子卟啉化合物在高分子材料、电致发光材料、分子靶向药物、气体传感器、卟啉分子开关的研发等领域都有很重要的应用；在生物模拟氧化、太阳能储存、催化作用研究、光疗等领域也受到高度重视。

有机电致发光器件的作用是全彩显示，目前作为三基色中的红光材料还没有得到很好的开发，在某种程度上阻碍了全彩显示器的发展。无论是将未配位的卟啉还是金属卟啉通过掺杂、共聚或接枝制作 OLED，基本上都可以通过能量转移得到卟啉单元的饱和红光发射，这为开发红光材料提供了一个重要的方法和途径。

许多卟啉化合物对癌细胞有特殊的亲和能力，可以利用它来识别病体组织。卟啉及其衍生物制成的光敏剂可以聚集在癌变部位，能达到定向治疗的效果。

16.4 超分子化学研究的新成就和新方向

目前，超分子科学的研究已经从模仿、跟踪，发展到了自我创新的阶段，研究范围越来越广阔，这些成就展示了超分子化学的巨大魅力和挑战性，进一步激发了化学家创造新型主体分子的兴趣。化学家在超分子体系主体分子的设计、合成、识别及机理研究方面做了大量的工作，并取得了相当的成就。

人工合成以氨基酸为主要结构单元的类肽是近年来科学家研究的新领域。类肽是类似于氨基酸单元结构的多肽，通常含有一个或多个酰胺键，它的设计合成是利用肽的骨架，对肽的结构进行改造或替换某些单元。高活性的类肽分子设计可以有多种手段。类肽作为天然活性肽的结构或功能模拟物，能够保留天然肽的底物功能，改善它的代谢性质，提高作用的靶向专一性。在识别正离子时，羰基与客体配位，而在识别负离子时，氨基与客体结合。它可以作为激素、抗生素、毒素、抗毒素、抗癌物以及抗病毒药物，还可以为深入了解生物体内物质间相互作用、信息传递及能量转换过程开辟研究领域。

超分子化学的研究还为"分子机器"（图 16-13）的研发，提供了材料和技术。分子机器在自然界早就广泛存在了。人体内就有各种精巧的大分子机器。例如核糖体就是一个复杂的分子机器，它可以把 RNA 上的遗传信息转化成蛋白质的氨基酸序列。

制造分子机器的探索是许多科学家像接力赛一步步递进完成的。第一步是由索瓦日教授于 1983 年实现的，他成功地将两个环状分子连接在一起，形成了一条特殊的由双环化合物组成的链。在这一条链中，两个互锁的环状分子可以相对移动。1991 年，斯托达特爵士成功合成出了轮烷（rotaxane），实现了分子机器合成的第二步。轮烷是一类由一个环状分子套在一个哑铃状的线型分子上而形成的内锁型超分子体系。在此基础上，斯托达特爵士为分子机器设计出了一系列新的"部件"，成功制成了上升高度达 0.7nm 的"分子电梯"和可以弯折黄金薄片的"分子肌肉"。1999 年，费林加教授制作了

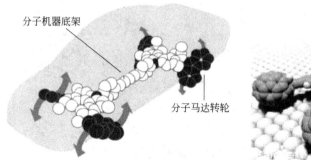
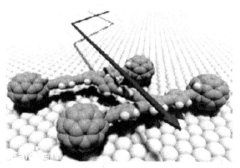

图 16-13　一种分子机器设计图

一个分子转子叶片，能够持续朝一个方向旋转，研发分子马达。利用分子马达，他成功让一个比马达本身大 10000 倍的玻璃圆筒开始旋转。此外，他还设计了一辆纳米小车。2012 年《科学》杂志发表的研究称，有研究者采用 DNA 自组装制成了贝壳状分子机器。它带有细胞类型识别的元件，可以识别哪个是癌细胞哪个是正常细胞，它还带有两个蛋白质药物，可以用于杀死癌细胞。2013 年，英国曼彻斯特大学教授 David Leigh 领导的团队制造出一台纳米机器人，能够抓取氨基酸并把它们连接起来，就如同人体细胞的核糖那样。

2016 诺贝尔化学奖授予法国斯特拉斯堡大学的让-皮埃尔·索瓦日 (Jean-Pierre Sauvage) 教授、美国西北大学的 J·弗雷泽·斯托达特 (James Fraser Stoddart) 爵士以及荷兰格罗宁根大学的伯纳德·L·费林加 (Bernard L. Feringa) 教授。因为他们成功设计和制造了一种在添加能量的情况下运动可受控制的分子机器。这个分子机器比人类头发丝直径的千分之一还要小。如果超分子组装体在外界信号的刺激下能发生形状变化，从而引起组装体的可逆收缩运动，便能获得一种超分子组装体的线性运动马达。图 16-14 是费林加教授制造的纳米小车示意图。

2016 年，来自英国曼彻斯特大学的 David Leigh 课题组研究出一种机器人分子。它可以像机器人一般对所要运载的客体分子进行"载货"和"卸货"。这是人类首次在如此小的尺度创造出一个机器人，对人类进行新型分子器件的设计有着重要的意义。

将来需要研究的问题是如何对现有分子机器进行有机组合，使它们可以互相搭配运行，并产生宏观可见的效应。就像我们有了轮胎、底盘、发动机、悬挂系统和刹车系统等，现在需要研究的是怎么组装成一辆汽车，甚至

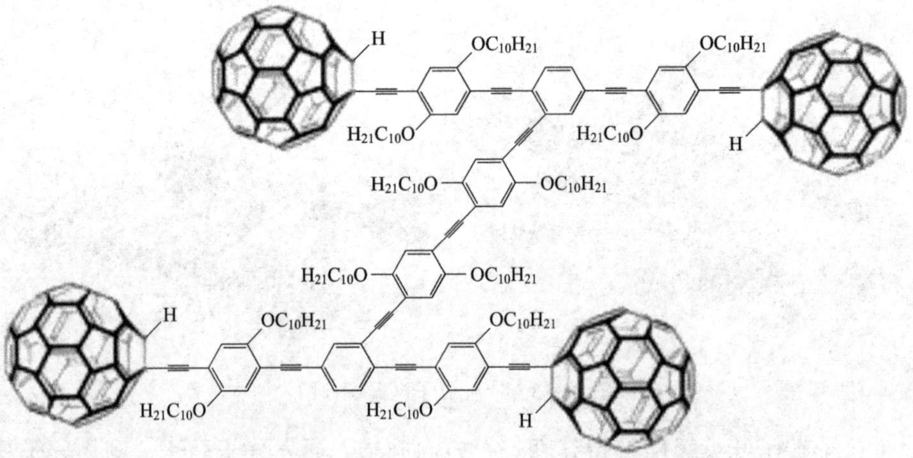

图 16-14　费林加教授制造的纳米小车

是一个车队。就像在 19 世纪 30 年代问世的电动马达彻底改变了这个世界一样，这些分子机器也同样有着改变世界的潜力。它们有望被用于新材料、新感受器和新能量储存系统的发展。

　　科学家们认为，研究分子间弱相互作用的本质，以及不同层次有序分子聚集体内和分子聚集体之间的弱相互作用是如何通过协同效应组装形成稳定的有序高级结构，是认识超分子组装体结构与功能之间的关系、制备超分子组装体功能材料的关键。由于处于热力学稳定状态的超分子组装体在动力学上是不稳定的；组装体动力学的不稳定性和组装过程的可逆性将赋予组装体纠错功能。因此，在研究超分子组装体材料的制备中，应该对动态组装给予足够的重视，使未来超分子体系的特征具有信息性和控制性的统一、流动性和可逆性的统一、组合性和结构多样性的统一。

参 考 文 献

[1] 北京师范大学，华中师范大学，南京师范大学 无机化学教研组主编．无机化学（上、下）．第 4 版．北京：高等教育出版社，2004.

[2] 申泮文．无机化学．北京：化学工业出版社，2002.

[3] 张祖德．无机化学．合肥：中国科学技术大学出版社，2008.

[4] 何培之等．普通化学．北京：科学出版社，2001.

[5] 朱文涛，王军民，陈琳．简明物理化学．北京：清华大学出版社，2008.

[6] 王彦广．有机化学．第 3 版．北京：化学工业出版社，2015.

[7] 沈光球，陶家洵，徐功骅．现代化学基础．北京：清华大学出版社，2002.

[8] 吴庆余．基础生命科学．北京：高等教育出版社，2002.

[9] 奚同庚．无所不在的材料．上海：上海科学技术文献出版社，2005.

[10] 朱青时．生物质洁净能源．北京：化学工业出版社，2002.

[11] 衣宝廉．燃料电池．北京：化学工业出版社，2002.

[12] 谢长生．人类文明的基石——材料科学技术．武汉：华中理工大学出版社，2000.

[13] 宋心琦，周福添．分子智能化猜想：超分子化学与化学信息论．长沙：湖南教育出版社，2013.

[14] 耿平．气凝胶节能玻璃，原来如此．北京：中国建材工业出版社，2017.

[15] 宋涛．材料世家．沈阳：辽海出版社，2010.

[16] 张金声．造纸术的演变：造纸卷．济南：山东科学技术出版社，2007.

[17] [法] Lehn J M. 超分子化学：概念和展望．沈兴海等译．北京：北京大学出版社，2002.

[18] [美] Lucy Pryde Eubanks 等．化学与社会．第五版．段连运等译．北京：化学工业出版社，2008.

[19] [美] 大卫·E·牛顿．环境化学．陈松译．上海：上海科学技术文献出版社，2011.

[20] [美] 大卫·E·牛顿．新材料化学．吴娜等译．上海：上海科学技术文献出版社，2011.

[21] [美] 大卫·E·牛顿．法医化学．杨延涛译．上海：上海科学技术文献出版社．2011.

[22] [美] Janet S. 纳米技术．陆冰睿译．上海：上海科学技术出版社，2017.

[23] [英] 玛杜丽·沙伦．石墨烯：改变世界的新材料．北京：机械工业出版社，2017.

[24] 互动百科．光化学反应．http://www.baike.com/wiki/%E5%85%89%E5%8C%96%E5%AD%A6%E5%8F%8D%E5%BA%94